U0415951

市政岩土工程设计

20年回顾与感悟（2004—2024）

SHIZHENG YANTU GONGCHENG SHEJI 20 NIAN
HUIGU YU GANWU (2004—2024)

一本国学与岩土融合的书

和礼红　刘堰陵　蔡　清　代　昂　郑盘石　裴启涛　鲜少华　著

图书在版编目(CIP)数据

市政岩土工程设计20年回顾与感悟:2004—2024/和礼红等著.—武汉:中国地质大学出版社,2024.6.—ISBN 978-7-5625-5889-7

Ⅰ. TU4

中国国家版本馆CIP数据核字第2024DY3693号

市政岩土工程设计20年回顾与感悟(2004—2024) 和礼红 **等著**

责任编辑:谢媛华 选题策划:谢媛华 郑济飞 责任校对:张咏梅

出版发行:中国地质大学出版社(武汉市洪山区鲁磨路388号) 邮编:430074
电 话:(027)67883511 传 真:(027)67883580 E-mail:cbb@cug.edu.cn
经 销:全国新华书店 http://cugp.cug.edu.cn

开本:787毫米×1092毫米 1/16 字数:276千字 印张:10.75
版次:2024年6月第1版 印次:2024年6月第1次印刷
印刷:武汉中远印务有限公司

ISBN 978-7-5625-5889-7 定价:138.00元

作者简介

和礼红，男，1974 年 10 月出生于湖北广水，工学博士，注册土木(岩土)工程师，注册咨询工程师，正高级工程师，武汉市政工程设计研究院副总工程师。湖北省土木建筑学会地下空间专业委员会委员，湖北省勘察设计协会第七届理事会专家库专家，武汉土木建筑学会理事、基坑工程专业委员会副主任委员，武汉岩土工程学会副理事长、专家委员会副主任委员，武汉建筑业协会岩土工程专家委员会副主任委员，武汉勘察设计协会第八届理事会专家库专家，筑龙建筑智库专家、筑龙学社岩土工程专业学术委员会委员。1994—2001 年就读于西安科技大学土木工程学院，获结构工程专业学士学位、岩土工程专业硕士学位；2001—2004 年就读于中国科学院武汉岩土力学研究所，获岩土工程专业博士学位。

20 多年来，出版专著《岩土工程技术初探》《岩土工程典型案例关键技术与实践》《市政工程理论研究与实践》《市政工程技术集萃》《东湖水下城市隧道关键技术实践与创新》5 部，发表论文 30 余篇，翻译和校译英文论文 9 篇，其中 8 篇获湖北省土木建筑学会自然科学优秀学术论文奖，1 篇获武汉市自然科学优秀学术论文奖；获武汉地区勘察设计行业优秀工程勘察设计行业奖，湖北省勘察设计行业优秀市政工程设计奖，全国优秀工程勘察设计行业奖市政公用工程奖 30 余项；获发明专利 2 项，实用新型专利 20 余项；参与规范及导则编制 10 余项；获武汉市科学技术成果 3 项；主持施工项目 60 余项，主持设计项目 2000 余项，其中大型项目 200 余项，运用新技术、新工艺、新材料的项目 80 余项，节省工程投资约 100 亿元。

2012 年被评为湖北省科学技术协会“科技创新源泉工程”创新创业人才；2013 年被武汉市政府评为享受武汉市政府津贴专家；2014 年参加了武汉市人力资源和社会保障局举办的武汉市高级创新人才“第三期高级专家创新能力”研修班，入选湖北省科学技术协会编著的《楚天科技新星》；2015 年入选武汉市 2015 年黄鹤英才(专项)计划；2018 年被评为首批中共江汉区委、江汉区人民政府联系的专家人才，被湖北省政府评为享受省政府津贴专家，参加了中共武汉市委组织部举办的“弘扬爱国奋斗精神、建功立业新时代”全市知识分子国情研修班(第二期)；2019 年被评为第二批中共江汉区委、江汉区人民政府联系的专家人才，参加了武汉市人力资源和社会保障局与武汉市委组织部联合举办的武汉市高级创新人才“第八期高级专家创新能力”研修班；2020 年被中国中西部地区土木建筑学会联盟评为“中国中西部地区土木建筑杰出工程师”；2022 年被评为第三批中共江汉区委、江汉区人民政府联系的专家人才，获湖北省科学技术协会、湖北省科学技术厅、湖北省国防科技工业办公室联合授予中国创新方法大赛湖北赛区二等奖；2023年岩土博士创新工作室成功申报共青团武汉市委员会“地下空间与工程青年创新实验室”，入选“2023年度全市劳动生产优秀集体和优秀班组”，10月武汉市总工会授予工作室“武汉市职工（劳模、工匠）创新工作室”荣誉称号。

序一　感悟和成长的力量

恰逢武汉市政工程设计研究院成立70周年，喜闻和博士及其团队专著《市政岩土工程设计20年回顾与感悟（2004—2024）》即将出版，并受邀作为这部专著的作序人，深感荣幸的同时，也感谢和博士及其团队给了我一个再学习、再思考、再感悟、再提升的机会。

这20年，正值中国城镇化建设高速发展和高质量发展的20年，也是大江大湖大武汉高速发展和高质量发展的20年，这部专著集成了和博士及其团队20年来担当大武汉市政建设的2000多项岩土工程设计实例，引领和推动了大武汉市政建设岩土工程新技术的应用与创新，凝聚和分享了和博士及其团队的技术成果和经验、心血和智慧。2000多项岩土工程设计的历练是这个时代赋予和博士及其团队可遇而不可求的机遇，而出版这部专著则是和博士及其团队潜心做的一件善事，也激起了我对这20年的美好回忆。

武汉市政工程设计研究院从3～5m深的管涵基坑到33m深的地铁站基坑，再到深达51.5m的中国第一条污水深隧工程核心——大东湖深隧泵房超深基坑，是一个由浅入深、由表及里的实践岩土工程理论和技术的时代缩影以及成长和发展的历程，是对“以其小成其大”的现实诠释。

20年在大武汉的东西南北绘制了3000km长的雨污管涵基坑、38.8km长的地下车行通道基坑、23km长（242个）的地铁站基坑、126km长的地下综合管廊基坑、29座临长江和汉江等泵站基坑、130条道路（867万m^2）的深层软弱地基处理、33条20万延米城市渠道边坡治理的蓝图，深基坑的公里数和深度，软弱地基处理的面积数和边坡治理的延米数，这些工程数据的背后是一种积累、是一种沉淀、是一种阅历。和博士及其团队在大武汉的长江和汉江边、湖泊和河道里、大街和小巷里留下了开拓的足迹、身影与汗水，付出与艰辛，只有身入其中的设计者才会有“所有的景观都曾是工地”的感慨，因为这些都是他们的作品。

与和博士及其团队有缘结识20年，和博士从意气风发、风华正茂的小伙子，到设计了2000多项岩土工程和出版5部专著，从武汉市政工程设计研究院岩土工程设计的第一人成长为带头人、领军人，从设计向施工、管理、应急抢险全产业链的延伸和拓展，并将国学思想和理念融入错综复杂的岩土工程，站在更高的维度思考和感悟，正可谓是善于思考、总结和有思想的中青年专家和行家里手，后生可敬！

正如作者所言，这是一本国学与岩土工程融合的书，和博士总是可以将对现实生活、岩土工程设计的感悟，恰如其分地引经据典，用国学的语言表达，的确是一种新的维度和新的思考。

让我们共同探讨岩土工程中蕴含的国学和哲学道理，以便不断提高认知的维度。在不断的学习和实践中，渐渐地感悟到“基坑是空的，边坡也是空的”“设计可以变更，但初心不能变更，在设计变更中尚应保持定力”“岩土工程是岩、土、水、结构、环境和人的复杂动态综合体，既是有形的综合体，也是无形的综合体”。在注重方法论的同时，高度重视认识论，实现认识论和方法论的统一，充分认识特殊性和普遍性的关系，才能实现基于事物本质的思考、认知和决策。

无论是软弱处理、边坡治理，还是基坑支护，都是打破一个旧平衡，建立一个新平衡。各种技术、材料、装备、管理等都是为了建立并维持一个新平衡。岩土工程是人与岩、土、水、环境的博弈与平衡，在变化动态的环境和工况中，建立新的平衡，以期实现岩土工程与环境、人的和谐相处。作为具有危险性、实践性、隐蔽性、复杂性、不确定性较多的岩土工程，从业者怀揣敬畏之心，循道而行，方可行稳致远。为此，新时代不仅仅要求我们终生学习，而且要求我们终生“深度学习”，杜绝“浅层学习”和“表层学习”；树立基于本质认知、本质安全的思考和决策，应用整体观和辩证观从大处着眼，小处着手；大胆推测，小心求证；培养我们的思考力和判断力，既要看到有形的岩土工程和周边环境，又要看到无形的岩土工程和周边环境，更要看到人在其中的主导作用；对善于思考和善于感悟的人来说，本质往往正在等待你的到来，这就是感悟和成长的核心力量。

《论语·雍也》子曰：“知之者不如好之者，好之者不如乐之者。”任重道远，乐此不疲，筚路蓝缕，披星戴月，那都是一路的修行。

读了作者的诗和感悟，与和博士共勉：“借阳光，银杏树更金黄，叶铺道上，尽朝晖，心徜徉。”

作为这部专著读者的一员，与和博士及其团队共勉：“忆往昔二十年峥嵘岁月，大武汉东西南北；望未来一辈子只争朝夕，修行道天圆地方。”

在新质生产力不断崛起和发展的新时代，期待着在感悟中成长、厚积薄发的和博士及其团队笃行不怠，继续努力绘制新的蓝图，并实现新的跨跃与升华！

2024年5月

王平：男，1964年生，从事土木工程40年，国家百千万人才、国务院政府特殊津贴专家、中国中冶集团首席专家。

序　二

今年四月初，受和礼红博士邀请，为其团队即将出版的《市政岩土工程设计 20 年回顾与感悟(2004—2024)》作序。五一前夕，我收到了这部专著，遂利用假期时间认认真真品读了一遍。由于工作的性质，自 2015 年以来，和博士团队设计的很多项目我都主持或参与了审查、论证或咨询，自认为对市政岩土工程设计的方法、思路、创新及其施工工艺甚是了解，但是该书丰富的工程实例和创新设计方法还是给了我莫大的惊喜。该书丰富的市政岩土工程设计案例，不仅仅是罗列项目，还对关键技术与创新进行了总结与提炼，这些均对岩土工程设计起到传承、创新、引领作用，有利于岩土工程设计人员拓宽设计思路、增强设计灵感，并推动岩土工程技术的创新与发展。

本书是继 2021 年《岩土工程典型案例关键技术与实践》一书出版之后，武汉市政工程设计研究院以和礼红博士为主导的岩土工程设计团队的又一力作。全书理论和实践相结合，设计方法和思路清晰，语言简练，同时工程类型多样，涵盖了市政工程领域中的基坑支护工程、软弱地基处理工程及边坡治理工程三大类的岩土工程设计，具体包括排水泵站、城市地下通道、城市轨道交通地下车站、综合管廊、城市雨污水管涵、地下停车场基坑支护，城市道路软弱地基处理、城市排水明渠边坡治理及山体边坡治理等。

岩土工程师需要遵守职业道德，如诚实守信、保护环境等；国学经典《道德经》也强调诚实、正直和廉洁等道德准则，指导人们在生活中如何做出正确的选择和行为。岩土工程与《道德经》都高度关注人与社会、人与自然的关系，都强调了人们如何在行为中遵循道德和伦理规范，以保持和谐与平衡。本书将岩土工程设计与中国的传统文化有机结合，归纳提炼，体现了新时代文化自信，促进了岩土工程与中国传统文化的兼容并蓄。

关于岩土工程的哲学思考，可以认为主要包括以下 4 个方面：

尊重自然规律。岩土工程是一门融合自然科学和工程技术的学科，其研究对象是自然界中的岩土材料。在进行岩土工程设计与施工时，需要充分尊重自然规律，遵循地质力学和土力学的基本原理。

注重实践经验。岩土工程也是一门实践性很强的学科，其发展过程中积累了大量的实践与经验。通过对历史工程案例的分析和总结，可以获得许多有价值的经验与教训。

追求科技创新。随着科学技术的不断进步，岩土工程的研究内容和方法也在不断发展和更新。通过运用先进的技术手段和工程方法，能够提高岩土工程设计与施工效率。

强调综合思维。在进行岩土工程设计与施工时，需要综合考虑地质条件、工程用途、环境影响等多方面因素，以达到相对最优效果。

总的来说，岩土工程的哲学思考是以尊重自然规律为基础，注重实践经验和科技创新，强调综合性思维，通过不断的思索和升华，使其更好地为社会发展和人类福祉作出贡献。作者在案例阐述、关键技术和创新思路总结的基础上，高屋建瓴，提炼出岩土工程的认识论、目标论和方法论等。本书不仅仅是工程技术书籍，更是思想文化书籍，鲜明表达了作者对岩土工程技术及中国传统文化的热爱、学习与传承。

2024年5月

金玉亮：男，1973年生，从事土木工程约30年，注册岩土工程师，注册监理工程师，正高级工程师，现就职于湖北中南市政工程咨询有限公司，负责工程勘察和基坑工程的审查、论证及咨询工作。

序　三

刚拿到这本书，不禁想起作者上一部专著《岩土工程典型案例关键技术与实践》才出版不久，钦佩作者能够在繁忙的工作之余，长期坚持对已做工作进行梳理、总结，及时把知识沉淀下来，在提升自身的同时，让更多岩土工作者开阔视野，受到规范之外的更直接和更全面的启发。

《岩土工程典型案例关键技术与实践》从基坑支护、软土地基处理、边坡治理等多方面详细介绍了岩土工程实践的关键技术和实际经验。案例详细介绍了工程概况、方案对比、设计方案、受力验算、现场施工、监测和项目小结等项目建设全过程的内容与关键技术。选入书中的案例反映了笔者的用心，与其说是讲案例，不如说是以案例为载体，诉说着岩土工程设计师们在工程设计及施工中的心路历程，反复提醒读者朋友在岩土工程全过程建造中需要思考什么、计算什么、践行什么、监控什么、风险发生如何处理等。本书的第一篇更像是《岩土工程典型案例关键技术与实践》的延续，引导读者由典型案例的具体实施到一般规律的归纳总结。作者将同类建筑功能的典型项目以时间轴在表格中表达，并将同类项目特点、设计和施工要点整理出来，钩玄提要，有的放矢。这些经验总结是 20 年来的实践真知，这得益于 20 年来城市基础设施建设的飞速发展，得益于广大岩土工作者对技术的不断突破和创新，更得益于笔者长期坚持对项目的分类整理、认真总结、反复推敲、不断丰富和发展，值得同行们学习和借鉴。

明者因时而变，知者随事而制，唯有在实践中不断探索和创新，才能适应时代发展的需求和挑战。面对越来越多的超大、超深、超复杂工程，面对需要保护的如此近距离的防洪大堤，面对如此大而深的淤泥质土的地基处理等，引用新技术无疑需要一种破冰前行的勇气，需要求真务实的态度，更需要创新发展的智慧。作者在市政岩土工程领域多次率先使用新技术，如 2005 年率先使用拉森钢板桩代替当时的槽钢；2006 年率先使用高性能水泥土桩代替传统水泥土桩，等等，可以看出笔者们在传承基础上的突破和创新，在否定之否定中的自我完善和提升，进而让我们看到了闻名遐迩的超大工程，如大东湖核心区污水传输系统、北湖污水处理厂、江南中心绿道五九线综合管廊等千载难遇的工程，这些工程是那么的难能可贵，值得记载和传承！

国学乃中华文化之瑰宝，蕴含着无尽的智慧与魅力，岩土工程是自然演变及社会历史发展的产物。直到读到第三篇，才可深刻理解为什么此书是一本国学与岩土融合的书，此部分也是最震撼我的。此篇中岩土工程的认知论与最终目标论，可以提高中青年岩土工作者对岩土工程的认知，感受岩土工程的玄妙，理解岩土工程师工作的意义，读完此篇，对于如何看待岩土工作了然于胸。岩土工程的方法论是从管理者和设计者角色入手，引用大量传统国学文化知识，多角度论证思考问题的方法、设计执行的方法、提升能力的方法，等等。读完此篇，对于如何做好岩土工作豁然开朗。此篇可以读出作者20年来的积累与沉淀，可以读出作者坚守内心的纯粹和做人的纯正，也可以读出作者通过岩土工程修炼自己，不断改造自身。这些都值得读者咀嚼、思索。

在现在纷杂的社会中，该如何定位，如何选择，坚守什么，放弃什么，关键在于我们能否卓尔不群，不断超越自己，抵达一个前所未有的高度。读完此书，会感动于作者对工作的细致、认真和敬畏；会感动于作者用难以倾诉的艰难换取明亮与光明，照亮更多岩土工作者继续前行的路；会发现从始至终作者有很多大道至简的践行，比如坚信正道的力量、坚持下苦功夫，等等。

通过本书不仅可以了解市政岩土工程设计蓬勃发展的20年，更重要的是可以从他们步步为营、久久为功、扎扎实实的数千个项目中，找到类似经验，找到不同功能项目的设计思路和方法，找到解决所遇岩土工程困惑的国学之法，同时可以让读者学会及时归纳总结，反省自己的成长与突破点，反思自己的成长路，洞察自己的事业，体味为人处世的哲学，看到自己更远的未来，追求人与自然的和谐共生。单就此点，本书就有其独特的、长远的功能和意义，值得珍藏。

侯慧珍

2024年5月

侯慧珍：女，1986年生，从事土木工程约15年，注册岩土工程师，注册一级建造师，高级工程师，现任中南建筑设计院股份有限公司工程总承包事业部科技质量部副部长（主持工作）。

前　言

今年,2024年,是一个特殊的年份,一是正值我们伟大的祖国中华人民共和国成立75周年;二是笔者就职的武汉市政工程设计研究院成立70周年;三是笔者在武汉市政工程设计研究院就职20年,也是笔者步入50岁知天命之年。笔者团队决心出版一部书,向祖国及公司献礼,讴歌、礼赞祖国,感恩、赞美公司。这些是笔者及团队坚定出版本书的原由之一。

10年前,即2014年,也是一个特殊的年份,笔者出版了《岩土工程技术初探》一书,该书收集的大部分论文都是笔者硕博期间及参加工作前十年期间在公开期刊上已经发表过的并稍作了修改的岩土工程领域专业论文。

3年前,即2021年,笔者团队出版了《岩土工程典型案例关键技术与实践》一书,该书收集了笔者及团队自入职武汉市政工程设计研究院以来参入或主导数千项大大小小的岩土工程项目中精心筛选出的有代表性的特殊及典型案例。

《岩土工程技术初探》及《岩土工程典型案例关键技术与实践》收录的都是论文或专题描述,对案例所涉及的工程概况、工程地质条件、勘察、设计、施工、监测检测及伴随的专门工法或技术均进行了较为具体的叙述。如此,既有类似技能的示范作用,也有积累知识的作用,更有启迪智慧的作用。类似禅宗公案,对于工程同仁们,具有借鉴、启发意义。然而,针对某一专业类型的设计与施工等各方面的经验、总结及标准等,始终欠缺较为全面、系统的说明;同时,对岩土工程事业的认识、体会与感悟也没有较为完整、具体的介绍。为了弥补这一遗憾,笔者团队决心出版此书。本书涉及的岩土工程专业类型主要有市政基坑支护工程、软弱土地基处理工程及边坡治理工程三大类型。这些是笔者及团队坚定出版本书的原由之二。

《易・同人》卦辞:“同人于野,亨,利涉大川,利君子贞。”

《清静经》曰:“如此清静,渐入真道;既入真道,名为得道;虽名得道,实无所得;为化众生,名为得道;能悟之者,可传圣道。”

唐代韩愈《师说》曰:“古之学者必有师。师者,所以传道受业解惑也。”

我们的祖先及传统文化都注重传承、赓续、传授与布施、分享,拥有、积累与获得不应局限于个人、小群体或小团队,而要记载、讲解、传播与共享,进而与时偕行、发扬光大,同时化导人心、教导契合之人。这是进德修业之事,也是岩土工程技术工作者的责任与义务。这些是笔者及团队坚定出版本书的原由之三。

本书共分三篇。

第一篇为市政岩土工程设计20年回顾,主要收集、整理、展示了市政基坑支护工程、软弱土地基处理工程及边坡治理工程三大类型的设计与施工项目,并对其关键技术进行了小结。回顾是感悟的基础与前提，没有较为系统全面的具体回顾，就没有与之关联的一系列感性的或理性的感悟。

第二篇为市政岩土工程创新设计与关键技术，其实际也是回顾，是关于20年来创新设计与关键技术及获奖项目的收集、整理、提炼与展示，其目的与第一篇类似，不是为了罗列与描述，更不是为了张扬、炫耀，而是为了让读者感知笔者团队在完成海量工程项目设计的同时是如何披荆斩棘、筚路蓝缕、不断创新的，也是为了让读者知道第三篇市政岩土工程设计感悟来自于众多实践与实际，并非凭空想象、臆断。

第三篇为市政岩土工程设计感悟，这篇较为具体地及系统地说明了笔者团队近20年来对岩土工程事业的认识、体会与感悟。这是本书的精华之一，也是本书的升华。此篇旁征博引、引经据典，既引用了大量的传统国学知识，也引用了当前的主流思想与观点，将国学、玄学与岩土相互融合、渗透，便于读者参透、理解。

佛学文化认为"因果铁律、相依缘起，转识成智"，可以勉强认为本书第一篇与第二篇为因、为识，第三篇为果、为智。没有第一篇及第二篇的因，就没有第三篇的果，有因才有果，果相依因而缘起。希望读者们通过第一篇及第二篇的识，达到第三篇的智。转识成智，则释怀、通达、光明、愉悦，本书能够如是，善莫大焉。

本书具有以下3个特点：

一是抱朴守拙，实事求是。对于本书的第一篇，笔者本着诚实、实事求是的态度，分类陈列、记录了大量工程项目，通过这些项目的经历、经验和现象对使用的技术、工艺等进行了简明扼要的总结。这些总结中的方法、结论及观点都来源于长期的设计和施工实践，来源于长期的疑问、讨论、思考、分析及论证，对设计、施工和管理都有一定的借鉴及认识提高作用。文风摒弃华而不实、纷繁芜杂，力求抱朴守拙、删繁就简、字斟句酌，便于读者们在较短的时间里快速产生共鸣并获取有益的信息。

二是图文并茂。对于第二篇，本书在众多现场照片及设计图形中用心挑选了典型的有代表性的工程项目图片，有利于读者们更直观、更方便地理解文中所提及的创新设计与关键技术。《菜根谭》曰："文章做到极处，无有他奇，只是恰好。"本篇不是图片的简单堆砌，而是力求与文字相辅相成、图文并茂、恰到好处。

三是国学文化与岩土技术融合。习近平文化思想强调：中华文明具有突出的连续性、创新性、统一性、包容性及和平性，要坚定文化自信，挖掘中华优秀传统文化的思想观念、人文精神、道德规范，把艺术创造力和中华文化价值融合起来。习近平文化思想强调了中华文明，而国学文化是中华文明的重要组成部分，作为岩土工作者，笔者们也潜移默化地喜爱国学。《周易·系辞传上传》曰："是故形而上者谓之道，形而下者谓之器。"基坑工程之形而下者可谓是各种建(构)筑物等，基坑工程之形而上者可谓天地、刚柔、阴阳及五行等概念、思想、观念等。在第三篇中，为了更好地阐述市政岩土工程设计感悟，笔者不遗余力地旁征博引、引经据典，引用了大量的道家及儒家等传统国学文化知识，也引用了当前的主流思想与观点，将国学与岩土相互融合、渗透、结晶，便于读者参透、理解。这也是笔者们一直以来的愿望:打造一本国学与岩土融合的书。

《格言联璧》曰:“看书求理,须令自家胸中点头。与人谈理,须令人家胸中点头。”本书能够给读者们多大的帮助,因人而异,如人饮水,冷暖自知。若本书无意之中扣响了读者的心灵,产生了共鸣,则笔者甚为慰藉。同时希望有兴趣的读者批评、指正,相互切磋、交流、促进,笔者们不胜感激。

和礼红

2024年1月

目 录

第一篇 市政岩土工程设计20年回顾

第二篇 市政岩土工程创新设计与关键技术

第三篇　市政岩土工程设计感悟

第一篇

市政岩土工程设计20年回顾

第一章 绪 论

印象中，从本世纪初，即2000年前后，武汉城市建设及发展初露头角。2008年金融危机之前，主要进行城市道路和排水设施改造升级及少量的新建。一些道路工程、排水管网工程、泵站工程、污水处理厂工程等应运而生。

2008年，世界金融危机爆发了。第一季度，武汉市市政基础设施项目很少，为拉动搞活经济，国家在市政及基础设施领域投放了4万亿资金，自此市政工程项目应接不暇。

2012年11月8日，中国共产党第十八次全国代表大会在北京召开。在党的十八大召开之际，武汉地铁及市政工程不少项目暂停。之后，武汉地铁及市政工程建设得到了国家的支持，开始迅猛发展。

对于武汉，2012年是一个很重要的时间节点，之后每年年底地铁开通一条线、两条线甚至更多。同时，武汉城市也在快速扩张、翻新、迭代，城市基础设施建设并驾齐驱，地铁、管廊、道路、桥梁、排水管网、渠道、湖泊等都争先恐后、热火朝天地建设。

大约到2018年、2019年，武汉城市建设速度减缓，进入新常态；2020年疫情爆发，建设速度继续减缓，2023年逐渐平稳。

武汉市政工程涉及到的岩土工程主要包含软弱土地基处理、边坡治理及基坑支护三大类。本书主要根据上述城市建设发展脉络简要说明这三大类岩土工程的发展及变化情况。

2008年以前，基坑支护主要是管道及箱涵基坑支护、泵站基坑支护、污水处理厂基坑支护、人行与车行通道基坑支护等，如三角路泵站基坑支护、彭刘杨路泵站基坑支护、汉西污水处理厂基坑支护、汉口火车站车行通道基坑支护等。采用的基坑支护方法主要有槽钢、拉森钢板桩、SMW型钢水泥土搅拌墙、预制管桩及灌注桩等。地基处理主要涉及少量的道路及泵站、厂站等软弱土地基处理，方法主要为堆载预压法、真空-堆载联合预压法及水泥土搅拌桩法等。边坡治理主要有零星的山体高边坡治理，方法主要为放坡法和喷锚法。

2006年，武汉彭刘杨路泵站基坑首次使用高性能水泥土桩内插型钢支护技术；2007年，由于市政管涵特别是污水管道基坑越来越深，周边环境越来越复杂，简单的放坡和槽钢已经不能适应基坑支护的要求，必须顺势而为，率先采用了拉森钢板桩支护技术；2008年，汉口火车站车行通道基坑率先采用了SMW型钢水泥土搅拌墙支护技术；2005—2008年，武汉四新地区首次采用了真空-堆载联合预压法进行道路软弱土地基处理。

2008—2012年，市政基坑支护仍主要是上述类型，只是数量越来越多，规模越来越大，难度越来越高，少量的地铁基坑开始采用钢筋混凝土地下连续墙支护技术。需要处理软弱土地基的道路越来越多，面积也越来越大。山体边坡治理工程逐渐增多，渠道边坡治理工程也开始出现并逐渐增多了。

2012 年以后，武汉市政建设一个明显的变化就是地铁建设显著加速，直至以后的约 10 年，基本上是每年贯通一条线、两条线甚至更多。同时，在 2014 年前后，“海绵城市”概念提上日程；2016 年前后，管廊建设势在必行。城市环线、快速路、跨长江汉江大桥等快马加鞭，城市渠道及湖泊整治马不停蹄，武汉城市基础设施及整体面貌再接再厉、焕然一新。

这些年，基坑支护不仅有管道及箱涵基坑支护、泵站基坑支护、污水处理厂基坑支护、人行及车行通道基坑支护等，还有大量的调蓄池基坑支护、地铁站点及区间基坑支护、综合管廊基坑支护、渠道边坡治理及基坑支护、地下停车场基坑支护、顶管及盾构竖井基坑支护等，基坑数量越来越多，规模越来越大，难度越来越高。如东湖通道基坑支护长达 7km，江南泵站、后湖泵站也都是大型泵站，地铁基坑深度普遍达到 15m 以上，深隧竖井基坑均达到 30m 以上，最深达到 51.5m。采用的基坑支护方法不仅有槽钢、拉森桩、SMW 型钢水泥土搅拌墙、预制管桩及灌注桩等，还有钢筋混凝土地下连续墙、咬合桩、组合型钢等。基坑支护用钢筋混凝土地下连续墙由宽度 0.8m 发展到 1.5m，灌注桩直径由 0.6m 发展到 1.6m，甚至更大。基坑帷幕技术更是日新月异，由最早的简单的咬合槽钢、拉森钢板桩，发展到注浆、水泥土搅拌桩、旋喷桩、双轴水泥土搅拌桩及三轴水泥土搅拌桩，再发展到 TRD 工法、CSM 工法、钻孔后注浆地下连续墙工法等一系列超深等厚度水泥土地下连续墙工法以及咬合灌注桩、素混凝土地下连续墙等。基坑支护技术也不断创新，如 2016 年武汉江南泵站基坑支护采用了落底式 CSM 工法搅拌桩超深止水帷幕技术，2017 年武汉北湖深隧泵房基坑深度 48.4m，采用了逆作工法，支护用钢筋混凝土地下连续墙厚度 1.5m。

地基处理不仅有市政道路地基处理，也有厂站、地铁、管廊、垃圾填埋场等地基处理。软弱土地基处理的面积及规模越来越大，难度越来越高。如武汉新区软弱土地基处理的面积达到数万平方米，处理的软弱土深度达 20m 以上。地基处理的方法不仅有堆载预压法、真空-堆载联合预压法及水泥土搅拌桩法，还有预应力管桩法、低标号素混凝土桩法、水泥粉煤灰碎石桩法、高压旋喷桩法、水泥土双向搅拌桩法以及强夯法等。

边坡治理对象主要还是山体边坡及渠道边坡。山体边坡越来越高，渠道边坡越来越复杂。边坡治理方法也越来越丰富，不仅有放坡法和喷锚法，还有格构框架梁法、锚索锚杆法以及灌注桩法等。如东西湖区某渠道边坡工程地质条件复杂、软弱土深厚，采用了灌注桩、格构式水泥土搅拌桩加固以及土工格栅等多种治理方式。

2019 年以后，武汉市政基础设施建设开始减速直至平稳。建设项目数量趋于稳定，基坑数量明显减少，支护方法、地基处理方法及边坡治理方法也趋于成熟、完善。

武汉市政工程设计研究院自 1954 年成立以来，与时偕行、乘势而上，一直致力于市政工程建设，道路、排水及其伴随的桥梁、结构、建筑、电气、岩土工程勘察等是其传统的具有深厚底蕴的专业，为武汉市政工程建设作出了很大的贡献。

2024 年，喜逢武汉市政工程设计研究院成立 70 周年。七十年栉风沐雨，七十年风雨兼程，公司以“勤奋敬业，追求卓越”为企业精神，以“求精、创新、务实、诚信，绿色、环保、和谐、安康”为管理方针，以“顾客满意我满意、企业发展我发展”为企业价值观，与时俱进、向新而行、踔厉奋发、笃行不怠，为社会，特别是为武汉市政工程建设做出了傲人的成绩，树立了标志性的丰碑，创立了优秀的品牌，奋力谱写了高质量发展的新篇章，也必将继往开来、凝心聚力、砥砺前行、行稳致远。

岩土工程及设计则是在近20年来为适应市政工程建设形势逐渐组建、成长并发展起来的新型专业及业务。岩土工程设计专业乘社会及城市大发展之势，借助良好、强劲的平台，踔厉奋发、大显身手。

据不完全统计，20年来，武汉市政工程设计研究院岩土工程设计专业设计并施工完成的雨污管涵基坑超过3000km，相当于从广州到哈尔滨的距离，约每小时施工管涵基坑20m；约50个车行通道基坑支护，总长度约38.8km；约242个地铁单体基坑，累计支护长度约23000m，基坑最深达33.0m；管廊总长约126.2km，其中明挖支护约118.6km，工作井及检查井约107个基坑；约29座临长江、汉江、府河泵站基坑，基坑最深达到51.5m；约36个地下停车场基坑支护。总计完成基坑约600个，基坑支护线性长度约3300km，基坑最深51.5m，基坑单体最大面积约6万m^2。此外，设计并施工约130条道路深层地基处理，面积约867万m^2；治理约33条城市渠道边坡，约20万延米。

武汉市政工程设计研究院20年来历年岩土工程设计人数变化见图1-1，人数在2018—2019年间达到最多。

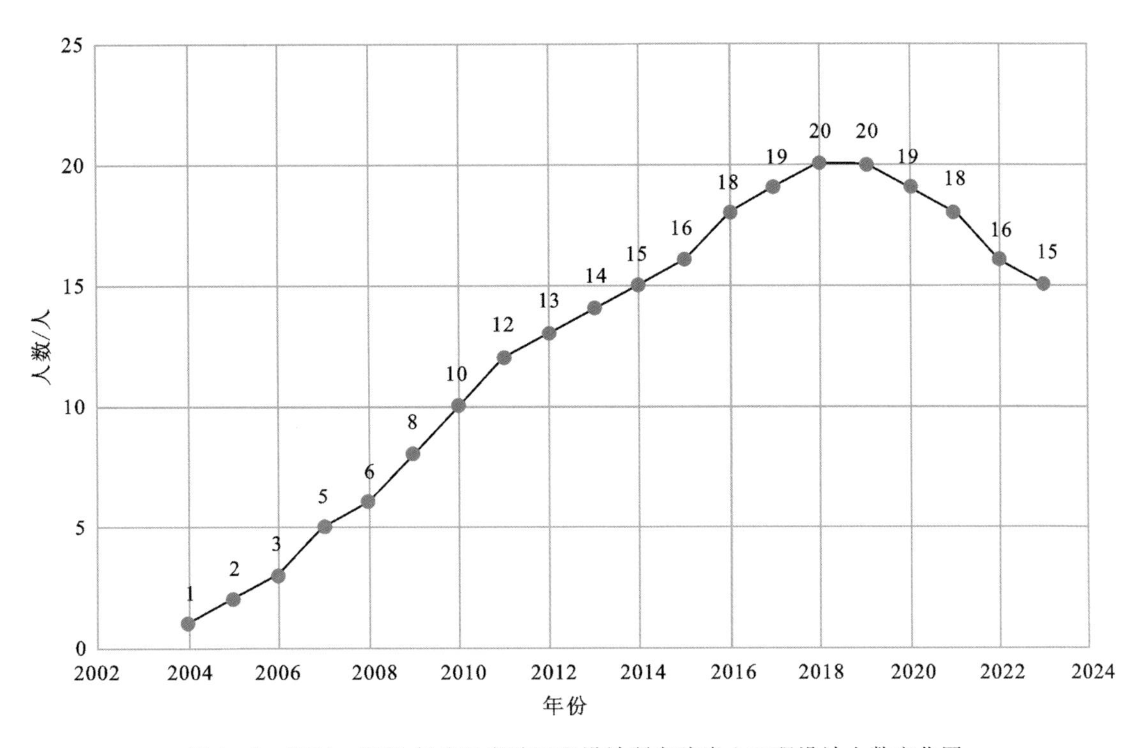

图1-1　2004—2023年武汉市政工程设计研究院岩土工程设计人数变化图

《菜根谭》曰："惊奇喜异者，无远大之识；苦节独行者，非恒久之操。"《论语·泰伯》曾子曰："士不可以不弘毅，任重而道远。"时代赋予了我辈爱岗敬业、兢兢业业、苦干事业的机会，正如笔者2019年写作的诗词所言："近期很近，远期不远；工程不断，接二连三；我辈有幸，遇建武汉（近期和远期是指某些工程需要分期建设；近期很近，远期不远，是指近期建设很快完成，而远期的就要开始或已经开始了）。"我辈不应沾沾自喜、固步自封，而应该把这些经历、事迹及心得体会总结、记载、传递，同时也鞭策、激励、提升自身。为了这一心愿，出版是一个比较好的途径，因此笔者们撰写此书。《中庸》曰："博学之，审问之，慎思之，明辨之，笃行之。"《论语·子张》子夏曰："博学而笃志，切问而近思，仁在其中矣。"希望读者们通过此书能够多阅读、多提问、多思索、多分析辨别，再消化利用，如此，笔者们无比欣慰。

第二章　市政基坑支护工程

第一节　临长江、汉江、府河泵站基坑支护20年回顾及技术小结

市政工程建设是国民经济的重要基础，泵站工程是市政工程的重要组成部分，泵站建设的好坏直接影响城市居民的生活质量。伴随着城市的加速发展和城市居民生活水平的提高，雨水泵站在防汛排涝中的地位更加突出。雨水泵站是一项重要的基础设施，承担城市防汛排涝的主要责任，同时可有效优化统筹雨水径流路径，促进雨水综合利用，完善提升水环境水生态，服务并美化城市交通路网等，在当前的水治理课题中有着极其重要的作用。近20年来，武汉市政工程设计研究院承担了众多雨水及污水提升泵站设计项目，其中最有代表性的有临长江、汉江、府河泵站及其基坑支护设计项目，详见表2-1。城市临长江、汉江、府河泵站基坑支护约33座，基坑深度最深达51.5m。

临长江、汉江、府河泵站基坑支护设计与施工项目技术小结如下：

(1)泵房一般与前池、进水间统筹考虑基坑支护；进水间、前池及泵房一般与进水箱涵、出水池分期支护开挖。进水间、前池及泵房基坑一般对称但不规则，平面由窄变宽，基坑深度由浅变深。

(2)基坑长度一般不很长，长宽比不很大，进水间、前池及泵房基坑深度由浅变深变化不很大，因此基坑工程重要性等级不需要分段定级。

(3)基坑距离长江、汉江及府河防洪大堤通常不超过200m，应着重关注基坑工程地下水控制设计及防洪设计。泵站基坑需做防洪影响评价，且需根据防洪影响评价及防洪专项设计细化基坑支护施工图设计。

(4)基坑深度一般不超过15m，支护形式一般采用灌注桩＋内支撑，少数采用抓斗成槽后注浆或SMW水泥土搅拌桩内插型钢地下连续墙＋内支撑，特殊情况采用钢筋混凝土地下连续墙或水泥土搅拌桩内插型钢＋内支撑。内支撑通常采用1～2道钢筋混凝土内支撑。

(5)对堤防附近的泵站基坑，地下水治理一般情况下不允许抽排地下水，需要设置落底式止水帷幕或五面围封，有利于满足防洪及其评价，同时仍应设置必要的深井降水井。止水帷幕应连续，深井降水井深度通常为30～40m。

(6)一般要求在枯水季节施工，基坑支护方案选择应充分考虑工期的紧迫性。

(7)泵房内部空间较大，无楼板作为换撑构件，支撑宜设置在顶板上部，两道及以上支撑

时应充分考虑逆工况，泵房电机层楼板可作为换撑构件。进水间及前池区域与泵房区域基坑深度和内部结构均不同，两个区内支撑设置宜相对独立；进水间及前池区一般以对撑为主，泵房区一般以相对独立角撑为主。

(8)基坑支护灌注桩和钢筋混凝土地下连续墙可考虑用于结构抗浮或用于泵房上部结构的基础，不考虑兼顾使用时，应注意支护桩与上部结构基础桩及基础的碰撞。

(9)基坑是否需要肥槽及其宽度大小一般由结构确定。泵房基坑一般位于防洪区，为满足防洪要求，肥槽回填不宜采用中粗砂，应采用非透水性材料，也可密贴施工，不留肥槽。

(10)冠梁标高主要结合现状地形、结构顶板标高、临时路面板通行及路面排水等要求综合确定。

(11)泵房、前池构筑物内梁柱较多，为避免结构碰撞，支护桩、立柱桩及内支撑等支护构件需要结构及工艺等相关专业会签。

(12)基坑监测时间可为6个月，支护型钢及钢管支撑使用时间可为8个月，基坑深井降水时间可为3个月。

(13)临近重要建(构)筑物、帷幕落底或封底费用过高或施工困难时，可采用不排水开挖等特殊工艺。

(14)对度汛有特殊要求时，可先施工前池，设置挡水墙，再施工泵房。

(15)结合防洪要求，对穿长江、汉江及府河堤防的出江管涵一般采取放坡开挖，坡率应缓于1∶3。

(16)钢板桩、型钢等支护结构拔除后的空隙采用注浆等措施填充密实，基坑深井应按照规范及防洪要求回填。

(17)基坑回填的土料宜选用黏粒含量为10%～35%、塑性指数为7～20的黏性土，且不得含植物根茎、砖瓦垃圾等杂质。填筑土料含水率与最优含水率的允许偏差为±3%。

(18)堤外需要设置围堰时一般采用土围堰，坡率应缓于1∶3。

(19)若基坑侧壁分布有粉砂、粉土层等经水位涨落易流失的土层，必要时可采用简易拉森钢板桩帷幕提高土体稳定性。

表2-1 临长江、汉江、府河泵站基坑支护设计项目20年小结

序号	大致时间	工程名称	规模/($m^3 \cdot s^{-1}$)	主要基坑支护方式	地下水治理方式
1	2006—2007年	彭刘杨路泵站	4	高性能水泥土搅拌桩内插型钢+1～2道钢筋混凝土内支撑	高性能水泥土搅拌桩止水帷幕+深井降水+明排
2	2007—2008年	杨泗港泵站	10	拉森钢板桩+1～2道钢管内支撑	拉森钢板桩止水帷幕+深井降水+明排
3	2008—2009年	常青泵站二期	135	悬臂灌注桩+喷锚+放坡	明排

续表 2-1

序号	大致时间	工程名称	规模/($m^3 \cdot s^{-1}$)	主要基坑支护方式	地下水治理方式
4	2010—2012年	罗家路泵站二期	55	SMW水泥土搅拌桩内插型钢地下连续墙+1～2道钢筋混凝土内支撑	SMW水泥土搅拌桩止水帷幕+深井降水+明排
5	2012—2014年	四新泵站	105	放坡减载+悬臂灌注桩+被动区SMW水泥土搅拌桩留土加固+坑底满堂SMW水泥土搅拌桩加固+局部锚杆	深井降水+明排,坑底采用SMW水泥土搅拌桩封底
6	2014—2015年	民生路泵站	14	灌注桩+1～2道钢筋混凝土内支撑	双轴水泥土搅拌桩止水帷幕+深井降水+明排
7	2015—2016年	江南泵站	150	1.6m大直径灌注桩+1道钢筋混凝土内支撑	CSM工法搅拌墙止水帷幕+深井降水+明排
8	2015—2016年	后湖泵站四期	110	灌注桩+1～2道钢筋混凝土内支撑	双轴水泥土搅拌桩止水帷幕+明排
9	2015—2016年	琴断口泵站	20	灌注桩+1～2道钢筋混凝土内支撑	SMW水泥土搅拌桩止水帷幕+明排
10	2016—2017年	新洲区被絮围泵站	20	灌注桩+1道钢筋混凝土内支撑	双轴水泥土搅拌桩止水帷幕+明排
11	2016—2017年	黄浦路泵站	32	灌注桩+1～2道钢筋混凝土内支撑	SMW水泥土搅拌桩止水帷幕+深井降水+明排,坑底采用双管高压旋喷桩封底
12	2016—2017年	北堤泵站	35	灌注桩+1道钢筋混凝土内支撑	双轴水泥土搅拌桩止水帷幕+明排
13	2016—2017年	东西湖闪家湖地区排水泵站	10	灌注桩+1道钢筋混凝土内支撑	旋喷桩桩间止水+明排
14	2017—2018年	金融港应急排涝泵站	40	灌注桩+1道钢筋混凝土内支撑	旋喷桩桩间止水+明排
15	2017—2018年	北湖闸泵站	90	灌注桩+1～2道钢筋混凝土内支撑	SMW水泥土搅拌桩止水帷幕+深井降水+明排,坑底采用SMW水泥土搅拌桩封底
16	2017—2019年	北湖污水处理厂出江泵站	13	灌注桩+1～2道钢筋混凝土内支撑	SMW水泥土搅拌桩止水帷幕+深井降水+明排,坑底采用SMW水泥土搅拌桩封底
17	2017—2019年	北湖污水处理厂深隧泵站	13	铣接法地下连续墙+两墙合一逆作法	CSM工法搅拌墙止水帷幕+深井降水+明排
18	2018—2019年	大桥泵站	27	灌注桩+1～2道钢筋混凝土内支撑	双轴水泥土搅拌桩止水帷幕+明排
19	2021—2022年	罗家路泵站改造	45	灌注桩+1～2道钢筋混凝土内支撑	TRD工法搅拌墙止水帷幕+深井降水+明排

续表 2-1

序号	大致时间	工程名称	规模/（$m^3 \cdot s^{-1}$）	主要基坑支护方式	地下水治理方式
20	2015—2016 年	樊一泵站	15	灌注桩＋1～2 道钢筋混凝土内支撑	高压旋喷桩止水帷幕＋深井降水＋明排
21	2017—2019 年	庞二泵站	32	灌注桩＋1～2 道钢筋混凝土内支撑	CSM 工法搅拌墙止水帷幕＋深井降水＋明排
22	2017—2019 年	新舰山泵站	8	灌注桩＋1～2 道钢筋混凝土内支撑	抓斗成槽后注浆地下连续墙止水帷幕＋深井降水＋明排
23	2017—2019 年	迎旭门泵站	52	灌注桩＋1～2 道钢筋混凝土内支撑	抓斗成槽后注浆地下连续墙止水帷幕＋深井降水＋明排
24	2017—2019 年	乔营泵站	35	灌注桩＋1～2 道钢筋混凝土内支撑	拉森钢板桩止水帷幕＋深井降水＋明排
25	2020—2021 年	余家湖泵站一期	10	抓斗成槽后注浆内插型钢地下连续墙＋1 道钢筋混凝土内支撑	抓斗成槽后注浆地下连续墙止水帷幕＋深井降水＋明排
26	2021—2022 年	洪沟泵站	19	钢筋混凝土地下连续墙＋1～2 道钢筋混凝土内支撑	深井降水＋回灌井＋结构抗拔桩及底板封底＋明排
27	2019—2021 年	公安县孱陵泵站	12	灌注桩及 SMW 水泥土搅拌桩内插型钢地下连续墙＋1～2 道钢筋混凝土内支撑	旋喷桩及 SMW 水泥土搅拌桩止水帷幕＋深井降水＋明排

注：1～19 号项目所在地为武汉；20～26 号项目所在地为襄阳；27 号项目所在地为荆州。

第二节　车行通道基坑支护20年回顾及技术小结

随着城镇化的高速发展，城市人口高速增长，城市交通越来越发达，同时也越来越拥挤。在拥挤、繁杂的交通体系中，城市车行通道伴随而生。车行通道可有效解决城市交通及行人的出行拥挤和安全问题，也是城市的重要景观和亮点，对城市有较大的美化作用。近 20 年来，武汉市政工程设计研究院承担了 50 多个城市明挖车行通道设计项目，本次主要罗列回顾了武汉及其他城市明挖车行通道基坑支护设计项目，详见表 2-2。

车行通道基坑支护设计与施工项目技术小结如下：

（1）车行通道一般呈长带形且深度变化较大，基坑工程重要性等级宜分区段确定。

（2）基坑支护方式一般不统一，通常有 1～3 种方式。武汉城市常用支护方式为 SMW 工法搅拌墙＋内支撑、灌注桩＋内支撑等；宜昌、襄阳等其他城市常用支护方式为 SMW 工法搅拌墙＋内支撑、抓斗成槽工法搅拌墙＋内支撑及灌注桩＋内支撑等。

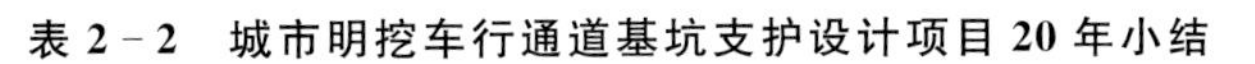

表2-2 城市明挖车行通道基坑支护设计项目20年小结

序号	大致时间	工程名称	大致长度/m	主要支护方式
1	2003年	循礼门地下通道	800	工字钢+内支撑
2	2004年	友谊大道地下通道	900	SMW工法搅拌墙+内支撑
3	2005年	阅马场地下通道	2000	灌注桩+内支撑、灌注桩+锚索
4	2006年	武汉理工大学地下通道	1000	灌注桩+内支撑
5	2007年	拦江堤路地下通道	1000	灌注桩+内支撑、放坡
6	2008年	汉口火车站地下通道	1500	SMW工法搅拌墙+内支撑
7	2009年	武昌火车站地下通道	2000	灌注桩+内支撑
8	2010年	梨园广场地下通道	1000	灌注桩+内支撑
9	2010年	东沙大道地下通道	520	SMW工法搅拌墙+内支撑
10	2010年	黄鹂路地下通道	80	SMW工法搅拌墙+内支撑
11	2011年	南泥湾大道地下通道预埋工程	50	0.6m厚地下连续墙+内支撑
12	2011年	八一路地下通道	1000	灌注桩+内支撑
13	2012年	隆祥街地下通道	450	拉森钢板桩、SMW工法搅拌墙+内支撑
14	2012年	街道口地下通道	600	灌注桩+内支撑
15	2012年	郭茨口立交地下通道	260	拉森钢板桩、SMW工法搅拌墙+内支撑
16	2013年	神龙大道下穿东风大道地下通道	300	SMW工法搅拌墙、灌注桩+内支撑
17	2013年	车城大道下穿东风大道地下通道	300	SMW工法搅拌墙、灌注桩+内支撑
18	2014年	高新大道地下通道	500	灌注桩+内支撑
19	2014年	武汉东湖地下通道	7000	灌注桩+内支撑、灌注桩+锚索
20	2015年	佳园路地下通道	400	灌注桩+内支撑
21	2015年	三阳路越江隧道汉口岸接线	1600	拉森钢板桩、SMW工法搅拌墙、灌注桩+内支撑
22	2016年	四新南路地下通道	400	SMW工法搅拌墙+内支撑
23	2016年	四新北路地下通道	400	SMW工法搅拌墙+内支撑
24	2017年	文荟街地下通道	800	SMW工法搅拌墙、灌注桩+内支撑
25	2018年	和平大道南延线	800	SMW工法搅拌墙、灌注桩、地下连续墙+内支撑
26	2019年	谌家矶大道地下通道	2200	SMW工法搅拌墙、灌注桩+内支撑

续表 2-2

序号	大致时间	工程名称	大致长度/m	主要支护方式
27	2019 年	光谷综合体鲁磨路下穿通道	380	灌注桩＋内支撑
28	2020 年	二七路至铁机路长江通道汉口预埋匝道段	420	地下连续墙＋内支撑
29	2020 年	两湖隧道地下通道	1800	SMW 工法搅拌墙、灌注桩、咬合桩、地下连续墙＋内支撑
30	2021 年	军纱大道车行通道	500	灌注桩＋内支撑；悬臂灌注桩
31	2022 年	黄家湖六街（青菱河东路—白沙洲大道）工程	300	灌注桩＋内支撑
32	2010 年	昆明昌宏路地下通道	300	灌注桩＋内支撑
33	2011 年	昆明螺狮湾地下通道	600	灌注桩＋内支撑
34	2011 年	昆明呈贡地下通道	600	灌注桩＋内支撑
35	2015 年	恩施施州大桥接线通道	550	灌注桩＋内支撑
36	2016 年	荆门罗汉山 2 号隧道明挖段	260	灌注桩＋内支撑
37	2016 年	宜昌沿江大道地下通道	1200	CSM 工法搅拌墙＋内支撑
38	2017 年	三亚海棠湾海洋二路下穿环岛高速车行通道	50	放坡开挖
39	2019 年	宜昌沿江大道延伸段地下通道	500	抓斗成槽工法搅拌墙、灌注桩＋内支撑
40	2021 年	宜昌花溪路地下通道	300	灌注桩＋内支撑
41	2021 年	岳阳中心医院周边配套地下通道	220	放坡开挖
42	2022 年	襄阳内环南线车行通道	500	抓斗成槽工法搅拌墙＋内支撑
43	2022 年	襄阳内环机场连接线车行通道	260	SMW 工法搅拌墙、钢板桩＋内支撑

注：1～31 号项目所在地为武汉；32～43 号项目所在地为武汉外城市。

（3）通道基坑深度最深一般不超过 15m，较少采用钢筋混凝土地下连续墙进行支护。

（4）基坑支护灌注桩和钢筋混凝土地下连续墙可考虑用作结构抗浮。

（5）主线通道一般宽度较大，基坑中需设置立柱，立柱桩一般可利用结构抗拔桩。

（6）泵站、配电间等附属结构紧贴主体通道结构时，一般与通道统筹考虑支护。

（7）基坑是否需要肥槽及其宽度大小一般由结构确定。

（8）冠梁标高主要结合现状地形、结构顶板标高、临时路面板通行及路面排水等要求综合确定。

（9）深井降水井一般设置在基坑两侧肥槽，泵房处降水井宜适当加密加强，深井降水井深度通常为 30～40m。

（10）通道地层复杂，地下水丰富，设置横向封堵墙可阻隔地下水沿基坑纵向渗流。

（11）为避免结构碰撞，支护桩、立柱桩及内支撑等支护构件需要结构及工艺等相关专业会签。

（12）基坑监测时间可为6个月，支护型钢及钢管支撑使用时间可为8个月。

（13）基坑一般位于现状道路，应先进行管线迁改、交通疏解，再施工通道支护及主体结构，需考虑分段施工、交通倒边并设置端头封堵支护桩。

（14）通道工程一般与道路排水工程同步实施，需统筹考虑道路排水工程施工。

（15）车行通道与人行通道同槽基坑及与两侧排水管涵同槽基坑施工时，基坑宽度较宽，需考虑道路红线、施工场地、交通疏解等因素，合理进行横向分期。

（16）通道下穿桥梁时一般有“先桥后隧”与“先隧后桥”方案比选，基坑设计包含对桥墩加固。

（17）湖中通道基坑支护设计应与围堰设计统筹考虑。

第三节　地铁车站基坑支护20年回顾及技术小结

随着城镇化的高速发展，在拥挤、繁杂的交通体系中，地铁伴随而生。地铁可有效解决城市交通及行人的出行拥挤和安全问题，也是城市发展程度的重要标志。武汉市政工程设计研究院为进一步适应武汉城市基础设施及地下空间发展的强劲势头，进一步抢占城市地下空间及轨道交通，特别是地铁的设计业务，于2010年前后成立了地下空间设计院。近20年来，武汉市政工程设计研究院承担了较多的地铁设计项目，详见表2-3。地铁车站基坑及区间基坑支护设计与施工技术小结如下。

表2-3　武汉地铁设计项目20年回顾及技术小结

地铁线路	场站名称	大致长、宽、高	出入口及风亭数量	区间、起止点、大致长度
2号线	宋家岗站	车站长161.5m，标准段最大宽度19.7m，车站总高约23.1m	3个天桥出入口	（1）宋家岗站—管委会站，盾构区间，1032双线米；（2）光谷火车站—南湖大道站，盾构区间，483双线米；（3）南湖大道站—金融港北站，盾构区间，1758双线米；（4）宋家岗站—管委会站，明挖区间，427双线米
	金融港北站	车站长350.1m，标准段最大宽度20.9m，车站总高15.7m	3组风亭，4个出入口	
	黄龙山站	车站长252.1m，标准段最大宽度20.9m，车站总高约14.3m	2组风亭，3个出入口	

续表 2-3

地铁线路	场站名称	大致长、宽、高	出入口及风亭数量	区间、起止点、大致长度
3号线	陶家岭站	车站长199.1m，宽19.7m，高13.4m	2组风亭，4个出入口	(1)陶家岭站—龙阳村站，盾构区间，702双线米；(2)升官渡停车场出入场线明挖区间，542双线米
	龙阳村站	车站长197.1m，宽19.7m，高13.4m	2组风亭，4个出入口	
4号线	仁和路站	车站长190.1m，宽19.7m，高12.9m	2组风亭，4个出入口	
	园林路站	车站长467.0m，宽19.7m，高12.9m	4组风亭，4个功能出入口，6个物业出入口	
	首义路站	车站长367.6m，宽25.4m，高14.8m	2组风亭，5个出入口	
5号线	建设十一路站	车站长240.3m，宽20.1m，高14.0m	2组风亭、5个出入口、1个紧急疏散口	(1)红钢城站—建设十一路站，盾构区间，1595双线米；(2)建设十一路站—都市工业园站，盾构区间，1434双线米；(3)工人村出入段线区间，明挖区间，487双线米
	都市工业园站	车站长352.2m，宽21.1m，高13.5m	3组风亭、4个出入口、2个紧急疏散口	
7号线	武汉长江公铁隧道汉口岸引线	敞口段与暗埋段长385.2m，宽38.4～43.2m，深11.7～15.1m	3个出入口、4条匝道	
8号线	洪山区政府站	车站长608.3m，宽21.3m，高13.7m	3组风亭、5个出入口	(1)街道口站—马房山站，盾构区间，877双线米；(2)马房山站—洪山区政府站，盾构区间，1434双线米；(3)洪山区政府站—文昌路站，盾构区间，1297双线米
	马房山站	车站长333.5m，宽23.3m，高15.8m	3组风亭、5个出入口、3个紧急疏散口	
	文昌路站	车站长283.1m，宽20.3m，高15.5m	2组风亭、4个出入口	
11号线	光谷四路站	车站长245.5m，宽21.1m，高13.7m	2组风亭，4个出入口，1个安全出入口	(1)光谷四路站—光谷五路站，盾构区间，1022双线米；(2)光谷五路站—光谷六路站，明挖区间，641双线米
	光谷五路站	11号线车站长241.3m，宽74.3m，高24.5m；19号线车站长229.1m，宽57.5m，高17.5m	4组风亭，8个出入口，8个安全出入口，8个消防出入口	

续表 2-3

地铁线路	场站名称	大致长、宽、高	出入口及风亭数量	区间、起止点、大致长度
蔡甸线	西环路站	高架站、车站长128.1m,宽22.6m,高23.4m	3个天桥出入口、1个附属用房	(1)新福路站—桥隧分界,盾构区间,755双线米; (2)新福路站—桥隧分界,明挖区间,462双线米
	柏林站	高架站、车站长128.2m,宽23.4m,高23.4m	3个天桥出入口、1个附属用房	
纸坊线	谭鑫培公园站	车站长624.3m,宽22.3m,高13.8m	4组风亭、11个出入口、4个紧急疏散口	(1)江夏客厅站—谭鑫培公园站,盾构区间,1561双线米; (2)谭鑫培公园站—北华街站,盾构区间,932双线米
	江夏客厅站	车站长284.3m,宽22.3m,高13.6m	2组风亭、4个出入口	
前川线	临空北路站	车站长153m,宽23m,高23.6m	路侧标准高架站,4个出入口	(1)天阳路站—腾龙大道站,明挖+盾构区间,3243双线米; (2)腾龙大道站—巨龙大道站,盾构区间,1311双线米
	天阳路站	车站长186m,宽42.4m,高25.73m	路侧双岛四线高架站,4个出入口	
	腾龙大道站	车站长255.5m,宽22.5m,高13.6m	标准地下岛式站,2组风亭、4个出入口	
12号线	四新南路站	车站长239m,宽23.5m,高23.44m	7个出入口,5个消防疏散口,3组风亭	(1)四新南路站—四新中路站,盾构区间,805双线米; (2)四新中路站—芳草路站,盾构区间,1086双线米; (3)芳草路站—港口村站,盾构区间,740双线米; (4)港口村站—丁家咀站,盾构区间,1212双线米
	四新中路站	车站长521.8m,宽21.1m,高13.54m	8个出入口,4个消防疏散口,4组风亭	
	芳草路站	车站长347m,宽23.5m,高21.59m	3个出入口,3组风亭	
	港口村站	车站长199.3m,宽20.1m,高14.44m	5个出入口,2组风亭	
	丁家咀站	车站长531.1m,宽21.1m,高13.54m	8个出入口,4个消防疏散口,4组风亭	

一、基本情况

(1)共11条线,27个车站,累计长度8 700.7m。其中,22个地下车站累计长度7 943.9m;5个高架车站累计长度756.8m。

（2）共 153 个地下出入口，含功能出入口、物业出入口等，60 组风亭，17 个天桥出入口，2 个附属用房。

（3）区间共 24 段，共 25 840 双线米。其中，盾构区间共 19 段，共 22 281 双线米；明挖区间共 1 段，共 3559 双线米。

（4）地铁线、站分布在武汉三镇，经历了长江一级、二级、三级阶地及岩溶地带。

（5）242 个基坑累计长度约 23 000m，基坑最深达到 33.0m。

（6）截至 2021 年底，武汉地铁总运营里程达 435km，武汉市政工程设计研究院设计占比约 8.3%。

二、成果

（1）促进了地下空间设计院的成立。

（2）练就了一批技术骨干及管理人才，并基本形成了人才梯队。

（3）锻炼并提升了设计投标、前期方案设计能力及汇报能力。

（4）培养了勘查现场及地铁设计的习惯，熟悉了地铁设计的程序。

（5）增强了现场协调及解决问题的能力。

（6）具备了独立设计地下、高架地铁场站及地下、高架区间的能力。

（7）形成了武汉市政工程设计研究院轨道交通项目投标文件统一编制规范。

（8）结构及基坑支护施工图设计说明标准化。

（9）提升了武汉市政工程设计研究院的整体设计能力及影响力。

三、关键技术与创新

1. 场站

（1）光谷五路换乘大厅是目前全国地铁地下结构第一跨，跨度 26～36m。

（2）光谷五路站为超宽、超深 3 层及 4 层地铁站点基坑支护设计，基坑宽 56m，深25～32m。

（3）宋家岗站两个出入口采用浅埋暗挖法施工，近距离下穿高压燃气管线，距离约 1.5m。

（4）都市工业园站临侧墙设置 2 孔 30m 长、5m 宽轨排井孔洞，通过设置肋板、肋墙等特殊结构形式保证了结构安全。

（5）谭鑫培公园站、建设十一路站、都市工业园站位于岩溶强发育区，积累了岩溶强发育区站点及区间设计经验。

（6）洪山区政府站、马房山站、首义路站等主体结构采用半盖挖法，临时立柱采用钢管柱，积累了复杂基坑及结构设计经验。

（7）仁和路站交通疏解采用贝雷梁结构。

2. 区间

（1）2 号线北延线宋家岗站—管委会站盾构区间超浅埋覆土始发设计。覆土厚约3.7m，为武汉地铁盾构区间最小厚度覆土始发，采用了地表反压回填始发＋钢筋混凝土压板保护。

(2)2号线北延线宋家岗站—管委会站明挖区间新型框架路基结构设计。路基段采用矩形闭合框架结构与桥梁相连，闭合框架采用三跨钢筋混凝土结构。结构自重小，施工速度快，与U型槽结构内采用高填料相比，能减小填料的二次沉降，且质量易控制。同时，在桥梁过渡段设置减沉桩，再次改善桥梁段与路基段的工后沉降差异。

(3)蔡甸线新福路站—桥隧分界明挖区间跟随所与U型槽合建设计。在隧道洞口U型槽上部设置区间跟随所，为武汉地铁首次应用。这与跟随所设置于隧道洞口附近地下或道路外地块相比减少了征地面积，提高了周边地块的利用率，同时大大降低了造价。

(4)8号线二期盾构区间连续下穿多处复杂市政公用工程设计。区间连续下穿多处复杂市政公用工程，如马房山地下通道、尤李立交、珞狮路高架、珞狮南路高架、洪达巷人行天桥、文馨街人行天桥、南湖联通渠、砖砌排水箱涵(6000mm×2000mm)。其中，盾构下穿桥梁桩基分别采用了地表处理废桩、扩大基础托换＋竖井截桩、扩大基础托换＋地基加固＋管片加强＋盾构切桩等。

(5)8号线二期盾构在车站端头软土地层下穿砖砌排水箱涵(6000mm×2000mm)综合加固设计。盾构在车站端头软土地层下穿砖砌排水箱涵，排水箱涵年代较久远且紧邻车站端头，采用ϕ76mm自进式锚杆＋三轴搅拌桩＋素混凝土地下连续墙相结合的端头加固设计。

(6)8号线二期1#联络通道冻结加固。首次在武汉地区采用冻结法加固灰岩地层。

(7)5号线深厚松散填土段盾构管片设计。红钢城站—建设十一路站盾构区间下穿深厚松散填土段，盾构覆土厚度25.3m，上层新近填土厚度11.5m，洞身位于第四系全新统可塑黏土层，不改变既有钢筋混凝土管片截面，采用高含筋量加强管片与10.9级高强度螺栓设计。

(8)纸坊线盾构接收井及始发井支护结构在武汉首次采用玻璃纤维钢筋直接进出洞，提高了盾构效率。

第四节　综合管廊基坑支护20年回顾及技术小结

由于城市发展需要，很多埋入地下的管线需要增减、维修或重新铺设，这就需要将道路重新破开，导致有限的道路空间变得更加狭小，对交通和居民出行造成较大的影响。采用综合管廊后，所有的管线扩容、维修及维护改造将在管廊内进行，对路面影响很小。利用地下空间局部断面进行综合管廊设计，不但能将管线统一设置，而且可以降低地下空间的覆土深度，有效降低投资。总之，综合管廊的建设不仅能够节省、充分利用城市地下空间，还能提高管线运行、维护效率，减小养护、更新、迭代对城市地面及道路的不利影响，其功能及效益明显。近20年来，武汉市政工程设计研究院承担了较多的综合管廊设计项目。城市综合管廊基坑支护设计项目20年小结见表2－4。

城市综合管廊基坑支护设计与施工项目技术小结如下：

表 2-4　城市综合管廊基坑支护设计项目 20 年小结

序号	大致时间	工程名称	管廊截面型式	管廊总长/km	明挖			顶管、盾构		
					大致长度/km	大致宽度（深度）/m	基坑支护主要方式	工作井、检查井/个	深度/m	基坑支护主要方式
1	2015—2022 年	光谷中心城虎山东街综合管廊	双舱	3.0	3.0	9～10（6.8～9.3）	灌注桩＋内支撑、放坡开挖＋挂网喷混凝土	—	—	—
2	2015—2022 年	光谷中心城光谷五路综合管廊	双舱	0.6	0.6	8～15（7.0～14.5）	拉森钢板桩/灌注桩＋内支撑、放坡开挖＋挂网喷混凝土	—	—	—
3	2015—2022 年	光谷中心城高科园路综合管廊	双舱	1.5	1.5	8～15（7.0～11.0）	灌注桩＋内支撑、放坡开挖＋挂网喷混凝土	—	—	—
4	2016—2022 年	水利路综合管廊	双舱	1.0	1.0	7.0（6.0～7.0）	拉森钢板桩/型钢水泥土搅拌墙/灌注桩＋内支撑;深井降水	—	—	—
5	2017—2018 年	杨泗港快速通道青菱段综合管廊	单舱、双舱	6.5	6.5	4～12.5（6.2～10）	拉森钢板桩/型钢水泥土搅拌墙/灌注桩＋内支撑;坑底加固,深井降水	4	11.0～12.3	灌注桩＋内支撑;深井降水
6	2017—2018 年	黄家湖大道与三环线交会节点综合管廊	三舱	2.9	2.9	9.6～11（7～14.4）	拉森钢板桩/型钢水泥土搅拌墙/灌注桩＋内支撑;坑底加固,深井降水	—	—	—
7	2017—2022 年	武九综合管廊	双舱、三舱、四舱	16.2	16	9.0～16.0（4.0～17.5）	拉森钢板桩/型钢水泥土搅拌墙/灌注桩＋内支撑	4	13.0～15.0	灌注桩＋内支撑;封底＋深井降水

续表 2-4

序号	大致时间	工程名称	管廊截面型式	管廊总长/km	明挖			顶管、盾构		
					大致长度/km	大致宽度（深度）/m	基坑支护主要方式	工作井、检查井/个	深度/m	基坑支护主要方式
8	2018—2019年	东湖新城礼和路综合管廊	三舱	2.4	2.4	10～11（4.3～12.4）	拉森钢板桩/型钢水泥土搅拌墙/灌注桩＋内支撑；坑底加固，深井降水	—	—	—
9	2018—2021年	和谐大道综合管廊	三舱	2	2	5.4～7.0（10.9～17.4）	拉森钢板桩/灌注桩＋内支撑	—	—	—
10	2018—2022年	长江新城谌家矶大道综合管廊	单舱、双舱、三舱	10.5	10.5	4.2～13.0（4.0～11）	拉森钢板桩/型钢水泥土搅拌墙/灌注桩＋内支撑；坑底加固	—	—	—
11	2018—2022年	黄孝河综合管廊	双舱、三舱、四舱	11.3	11.3	6.0～16.0（4.0～17.5）	拉森钢板桩/型钢水泥土搅拌墙/灌注桩＋内支撑	—	—	—
12	2018—2022年	友谊大道北段快速化改造综合管廊	单舱	2.8	2.8	4～7（4.2～13.6）	拉森钢板桩/型钢水泥土搅拌墙/灌注桩＋内支撑	3	10.3～15.6	灌注桩＋内支撑；深井降水
13	2018—2022年	黄孝河中一路—和谐大道综合管廊	三舱	5	5	16.0（8～10）	型钢水泥土搅拌墙/灌注桩＋内支撑	2	12.2～14.8	灌注桩＋内支撑；深井降水
14	2018—2022年	黄孝河中一路综合管廊	三舱	3.3	3.3	11～13（7.0～10.4）	拉森钢板桩/灌注桩＋内支撑	—	—	—

续表 2-4

序号	大致时间	工程名称	管廊截面型式	管廊总长/km	明挖			顶管、盾构		
					大致长度/km	大致宽度（深度）/m	基坑支护主要方式	工作井、检查井/个	深度/m	基坑支护主要方式
15	2018—2022 年	黄孝河中一路南段综合管廊	三舱	2	2	11～13（7.3～8）	拉森钢板桩/型钢水泥土搅拌墙/灌注桩＋内支撑	2	12.2～14.8	灌注桩＋内支撑；深井降水
16	2018—2022 年	黄孝河香江路—北湖西路改造综合管廊	三舱	2	2	12.0（7.3～8）	灌注桩＋内支撑	2	12.2～14.5	灌注桩＋内支撑；深井降水
17	2018—2022 年	友谊大道北段综合管廊	单舱	2.8	2.8	4～7（4.2～13.6）	拉森钢板桩/型钢水泥土搅拌墙/灌注桩＋内支撑	3	10.3～15.6	灌注桩＋内支撑；深井降水
18	2019—2020 年	东湖新城二期综合管廊工程	双舱、三舱	4.1	4.1	8～20（7～13）	拉森钢板桩/型钢水泥土搅拌墙/灌注桩＋内支撑；坑底加固，深井降水	—	—	—
19	2020～2022 年	洪山区世界一流电网雄楚大街综合管廊	单舱	0.05	0.05	5.0（9.5～10.5）	拉森钢板桩/型钢水泥土搅拌墙/灌注桩＋内支撑；旋喷桩帷幕	9	11.5～18.4	灌注桩＋内支撑；深井降水＋旋喷桩帷幕
20	2020—2022 年	洪山区世界一流电网才汇巷综合管廊	单舱	1.0	1.0	5.0（8.4～15.7）	型钢水泥土搅拌墙/灌注桩＋内支撑；旋喷桩帷幕	6	12.3～17.2	灌注桩＋内支撑；深井降水＋三轴水泥土搅拌桩/旋喷桩帷幕

续表 2-4

序号	大致时间	工程名称	管廊截面型式	管廊总长/km	明挖			顶管、盾构		
					大致长度/km	大致宽度(深度)/m	基坑支护主要方式	工作井、检查井/个	深度/m	基坑支护主要方式
21	2020—2022年	洪山区世界一流电网夹套河路综合管廊	单舱	0.1	0.1	5.0(9.5～11.9)	型钢水泥土搅拌墙+内支撑	13	14～22	型钢水泥土搅拌墙帷幕
22	2020—2022年	洪山区世界一流电网电缆通道土建工程——滨河路	单舱	1.1	0	—	—	3个沉井	14～20	型钢水泥土搅拌墙帷幕
23	2020—2022年	洪山区世界一流电网信和路综合管廊	单舱	0.5	0	—	—	4个沉井	14～20	三轴水泥土搅拌桩帷幕
24	2020—2022年	洪山区世界一流电网沙湖港北路综合管廊	单舱	0.3	0	—	—	2个沉井	14.2	三轴水泥土搅拌桩帷幕
25	2020—2022年	洪山区世界一流电网园林路综合管廊	单舱	0.7	0	—	—	6个沉井+1明挖	12～15	三轴水泥土搅拌桩帷幕/型钢水泥土搅拌墙;深井降水
26	2020—2022年	洪山区世界一流电网铁机路综合管廊	单舱	1.0	0.1	5.5(6.0～7.0)	拉森钢板桩/灌注桩+内支撑;旋喷桩帷幕,深井降水	6个沉井	11～15	双轴水泥土搅拌桩帷幕;深井降水
27	2020—2022年	洪山区世界一流电网竹苑路综合管廊	单舱	1.0	1.0	5.0(6.2～7.2)	拉森钢板桩/灌注桩+内支撑;旋喷桩帷幕,深井降水	3	11.5～13.5	灌注桩+内支撑;深井降水

续表 2-4

序号	大致时间	工程名称	管廊截面型式	管廊总长/km	明挖			顶管、盾构		
					大致长度/km	大致宽度（深度）/m	基坑支护主要方式	工作井、检查井/个	深度/m	基坑支护主要方式
28	2020—2022 年	洪山区世界一流电网竹苑二路综合管廊	单舱	0.8	0	—	—	5 个沉井	12.8	旋喷桩帷幕
29	2020—2022 年	洪山区世界一流电网青菱路综合管廊	单舱	2.5	0.03	4.0(11.5)	灌注桩＋内支撑；旋喷桩帷幕，深井降水	9 个沉井	12.8	旋喷桩帷幕；深井降水
30	2020—2022 年	洪山区世界一流电网南湖路综合管廊	单舱	0.3	0.3	3.6～4.7（2.0～4.4）	拉森钢板桩＋内支撑；深井降水	2 个沉井	12.8	旋喷桩帷幕；深井降水
31	2020—2022 年	洪山区世界一流电网高铁南二路综合管廊	单舱	0.4	0.4	3.6(4.5)	拉森钢板桩/灌注桩＋内支撑，放坡开挖＋挂网喷混凝土	1 个	4.7	拉森钢板桩＋内支撑；深井降水
32	2020—2022 年	洪山区世界一流电网文安路综合管廊	单舱	0.6	0.1	3.7～4.0（4.6～10.0）	拉森钢板桩/灌注桩＋内支撑；旋喷桩帷幕	—	—	—
小计				90.25	82.78			90		
33	2017—2021 年	樊西综合管廊	双舱	6.7	6.7	7.5～8.0（5.0～14.1）	拉森钢板桩/型钢水泥土搅拌墙/灌注桩＋内支撑；深井降水	2	11～14	灌注桩＋内支撑；深井降水
34	2018—2022 年	庞公新区综合管廊	单舱、双舱	5	4.9	4.0～7.0（3.0～8.7）	拉森钢板桩/灌注桩＋内支撑；基坑距离提防≤200m，封底	11	10～13.5	灌注桩＋内支撑；深井降水

续表 2-4

序号	大致时间	工程名称	管廊截面型式	管廊总长/km	明挖			顶管、盾构		
					大致长度/km	大致宽度（深度）/m	基坑支护主要方式	工作井、检查井/个	深度/m	基坑支护主要方式
35	2019—2022年	观音阁电缆通道	单舱	2.3	2.3	4.0～7.0（4.0～12.4）	拉森钢板桩/型钢水泥土搅拌墙/灌注桩+内支撑;深井降水	4	10.3～13.3	灌注桩+内支撑;深井降水
小计				14.0	13.9			17		
36	2015—2016年	荆门象山大道综合管廊	单舱、双舱	1.2	1.2	7.3（5.0～6.0）	拉森钢板桩、微型桩、灌注桩+内支撑;明排	—	—	—
37	2016—2018年	鄂州马鞍山综合管廊	三舱	3.2	3.2	10.0～11.0（6.0～9.4）	拉森钢板桩+内支撑、放坡;明排	—	—	—
38	2016年	新乡百泉大道综合管廊	单舱	0.8	0.8	4.6（6.0～8.0）	拉森钢板桩+内支撑;深井降水	—	—	—
39	2017年	荆门市白云大道综合管廊	单舱	2.2	2.2	3.9～13.0（6.0～8.2）	微型钢管桩+内支撑、放坡;明排	—	—	—
40	2017年	兴山县县城综合管廊	单舱	11.0	11.0	4.0～7.8（2.9～5.2）	拉森钢板桩、灌注桩+内支撑、放坡;明排	—	—	—
41	2017年	荆门市航空路综合管廊	单舱	2.5	2.5	7.5～13.0（4.9～7.5）	放坡;明排	—	—	—
42	2018年	汉十铁路丹江口南站市政配套综合管廊	单舱	1.0	1.0	3.9～8.2（5.3～6.5）	微型钢管桩+内支撑、放坡;明排	—	—	—
小计				21.9	21.9			0		

注:1～32号项目所在地为武汉;33～35号项目所在地为襄阳;36～42号项目所在地为武汉、襄阳外城市。

(1)设计并施工管廊总长约 126.15km，其中明挖支护约 118.58km，工作井及检查井约 107 个。

(2)管廊截面形式一般为矩形和圆形，矩形时一般为单舱、双舱、三舱，偶尔四舱，多数采用明挖施工，较少采用非开挖施工；圆形截面多数采用非开挖施工，沿线工作井及检查井一般采用明挖支护施工或沉井方式施工。非开挖施工方法主要有顶管及盾构。

(3)基坑长度一般很长，基坑工程重要性等级需分段定级。

(4)一般分为标准段和下卧段，标准段基坑深度一般不超过 9.0m，下卧段基坑深度一般不超过 14.0m。基坑支护形式一般采用拉森桩＋内支撑、灌注桩＋内支撑、抓斗成槽后注浆或 SMW 水泥土搅拌桩内插型钢地下连续墙＋内支撑，特殊情况采用微型钢管桩＋内支撑，少数采用放坡；内支撑通常采用 1～2 道钢管及钢筋混凝土内支撑，下卧段内支撑通常采用 2～3道钢管及钢筋混凝土内支撑。

(5)管廊存在较多节点，如通风口、吊装口、人员出入口、分支口等，基坑支护设计应考虑节点处的结构型式和尺寸以及换撑等措施。人员出入口基坑支护方式一般不统一，通常有 1～2种支护方式。

(6)管廊工作井、检查井跨度和埋深较大，一般采用灌注桩＋2～3 道内支撑支护。

(7)放坡开挖施工的管廊需结合道路工程统筹考虑，设计路面标高以上部分一般设计为永久边坡。膨胀土地区需考虑膨胀土治理措施。

(8)管廊几个舱室集水井往往集中在一处布置，基坑分段设计时应单独设计集水井处基坑。

(9)深井降水设计应重点关注下卧段及集水井等基坑较深部位的降水井布置。

(10)一级阶地地质条件较差区域，管廊地基处理、基坑被动区加固、止水帷幕、管井降水和封底可以统筹考虑。止水帷幕可采用水泥土桩内插型材、钢板桩、灌注桩、咬合桩等方式强化止水效果；承压水较高时底部宜封底，封底桩体宜与止水帷幕咬合，增强封闭、止水效果。

(11)支护做顶管井时，顶管结构顶标高以上内支撑采用钢筋混凝土支撑，顶管井降水可以在坑内和坑外分别布置降水井。

(12)冠梁标高主要结合现状地形、结构顶板标高、临时路面板通行及路面排水等要求综合确定。位于新建道路下综合管廊，基坑顶标高、支护形式、施工时序等要结合道路土路床顶标高、路基换填底标高等因素综合确定。

(13)管廊结构外壁需做防水层，支护密贴结构施工时，支护侧壁应挂网喷混凝土并采用砂浆抹平。

(14)管廊基坑为长条形，采用 SMW 工法桩等支护时应考虑三轴机械等大型机械尺寸大小是否满足场地要求。

(15)基坑距离长江、汉江及府河防洪大堤 500m 以内时，应着重关注基坑工程地下水控制设计及防洪设计。管廊基坑需做防洪影响评价，且需根据防洪影响评价及防洪专项设计细化基坑支护施工图设计。

(16)管廊下卧地铁等轨道交通时，地层较差时一般需进行预加固，预加固范围需与结构轨道专业协商。

(17)管廊距离现状桥梁、地铁、隧洞等较近时，需进行数值仿真分析，设计方案和数值分析报告需提交至权属部门进行专项评估。

(18)由于管廊基坑较长，在穿越现状路、现状渠道等构筑物时，需根据保通考虑分期施工及导流施工。

(19)管廊基坑监测时间可为3～5个月；支护型钢及钢管支撑使用时间可为3～4个月；基坑深井降水时间可为3个月。

(20)比较而言，综合管廊不太适宜采用装配式，原因如下：①基坑内支撑影响其施工；②由于下卧段较多，结构及构件不易标准化；③防水不如现浇结构。

第五节　管涵基坑支护20年回顾及技术小结

20年来，武汉市政工程设计研究院设计并施工完成的城市雨污管涵基坑超过3000km，相当于从广州到哈尔滨的距离。

管涵基坑支护设计与施工项目技术小结如下：

(1)涉及的城市主要有武汉、昆明、广州等省会城市，也有襄阳、宜昌、三亚、温州、郏县、黄石、黄冈、安陆、荆门、监利、鄂州等省内及省外的二线及三线城市。管涵基坑主要包括雨水管道、雨水箱涵及污水管道、污水箱涵基坑。

(2)污水管道直径一般为500mm、600mm及800mm，也有1000mm、1350mm、2200mm或单孔污水箱涵；雨水管道直径一般为800mm、1000mm、1200mm、1350mm、1500mm及1650mm，也有1800mm及2000mm，雨水箱涵一般有单孔箱涵、双孔箱涵及三孔箱涵。

(3)污水管涵埋深一般为4～6m，雨水管涵埋深一般为2～5m。

(4)管涵基坑工程应根据工程地质条件、周边环境及基坑深度分区段确定重要性等级。沟槽基坑工程重要性等级一般定义为二级、三级，局部横穿燃气、军缆或距离桥梁、轨道等建(构)筑物较近时可定义为一级。

(5)雨污管涵基坑主要采用放坡支护、槽钢支护及拉森桩支护，偶尔采用钻孔钢管桩、型钢水泥土搅拌墙及灌注桩支护，很少采用钢筋混凝土地下连续墙支护。

(6)放坡开挖，管涵外壁与坡脚水平距离一般为0.5m。管道直径小于或等于2000mm，支护桩与管道内壁距离一般为0.8m；管道直径大于2000mm，管道内壁与支护桩水平距离一般为1.0m。

(7)支管沟槽一般超出红线范围，周边环境更为复杂，宜按照既有地面标高计算管涵基坑深度，进行基坑支护设计。

(8)雨污管涵基坑支护设计应与道路设计统筹考虑。

对于新建道路，宜先进行道路深层及浅层地基处理，再进行管涵基坑施工。道路桩体深层地基处理宜避开管涵位置，不能避开时桩顶标高宜设置在管涵底标高以下，便于后期管涵施工。同时，管涵基坑支护应考虑对周边既有桩体的保护。道路浅层地基处理后的标高低于管涵顶标高时，可先回填道路土方至管涵顶标高以上50cm后，再开挖施工管涵；处理后的标高高于管涵顶标高时，可直接开挖施工管涵。基坑支护计算应考虑浅层换填边坡对基坑的影响。

对于现状道路，需要道路改造或升级施工时，可参考上述新建道路进行设计；不需要道路改造或升级施工时，则按照既有路面标高计算管涵基坑深度进行基坑支护设计。

(9)周边环境复杂，对施工及振动要求很高时，宜采用钻孔钢管桩支护替代槽钢及拉森桩支护。

(10)沟槽基坑一般呈狭长条带形，污水管道及雨水管道基坑宽度一般小于3.0m，基坑工作时间一般为15～45d，设计计算时可考虑窄槽效应，采用坑中坑模型。

(11)沟槽基坑经常跨越多个地貌单元，支护桩长度变化较大。

(12)沟槽基坑施工时多为侧向取土，坑边可变荷载宜取20～30kPa。

(13)对于管涵基础，分布有较厚的淤泥及淤泥质土时，一般采用换填进行浅层地基处理，也可采用水泥土类搅拌桩或预制类混凝土桩进行深层地基处理。采用换填时，对于淤泥一般换填0.8～1.0m；对于淤泥质土一般换填0.5～0.6m。

(14)管涵支撑由计算确定。管涵基坑深度大于等于5.0m时，宜采用两道及以上支撑；小于5.0m时，可采用一道支撑。

(15)箱涵基坑是否需要肥槽及其宽度大小一般由结构确定。

(16)沟槽监测时间、支护钢板桩、型钢及钢管支撑使用时间主要与管道材质及箱涵大小相关，塑料管为15～25d，混凝土管道为25～45d，钢筋混凝土单孔箱涵为45～60d，钢筋混凝土双孔及三孔箱涵为60～90d。

(17)基坑降水井，对于管道，一般在基坑外侧沿线交错布置；对于箱涵，可在基坑外侧或内侧交错布置。深井降水井一般以减压降水为主，深度通常为20～30m。

(18)基坑一般位于现状道路，应先进行管线迁改、交通疏解，再施工管涵支护及主体结构。需考虑分段施工、交通倒边并设置端头封堵支护桩。

(19)基坑地层较软弱时，可在坑底设置全断面被动区加固，优化支护桩长。

(20)需进入坚硬土层或岩层时，对于槽钢，可采用引孔方式施工；对于拉森桩，可采用引孔或静压方式施工。

(21)钢板桩打入与拔除时的施工振动对沟槽周边建(构)筑物存在不利影响，实施前要求试桩，确定打拔的影响。一般采用静压植桩机、液压千斤顶等设备消除打拔影响，必要时可不拔除对振动敏感区域的钢板桩，或采用钻孔钢管桩支护。

(22)桥梁和高压线等净空不够处，对于钢板桩可采用截断、焊接的施工方式。

(23)沟槽处分布有现状管道的区段，可采用桩间挡土板措施减少桩间水土流失。

(24)土质较差与管道埋深较深的顶管、拖拉管工作井基坑，管道上方可采用竖向钢板桩支护代替横向槽钢挡板以防水土流失，内支撑道数不应小于两道，以防管道上方钢板桩踢脚变形。

(25)对于小区改造类雨污管涵施工,应查明地下室、车库、化粪池等,支护桩布置应避开这些区域,同时考虑房屋鉴定、修缮费用,便于后期协调及处理争议,减少社会不良影响。

(26)地铁安全控制保护区内的管涵应尽量采用非开挖方式,必要时仅对检查井采取支护开挖的方式。

(27)作为顶管工作井后背 20～30m 范围内的新建管涵基坑,宜待顶管施工完成后再开挖施工。

(28)基坑附近存在堆土或道路边坡,支护桩没有穿透软土区的管涵基坑,应计算绕桩整体稳定性。

(29)钢板桩作为顶管、拖拉管工作井支护时,基坑平面尺寸一般由工艺或结构专业确定,基坑平面尺寸及内支撑布置应考虑机头及管节吊装所需的空间。

(30)河渠、湖塘等地段,管涵基坑支护应与围堰设计统筹考虑,支护结构常兼作围堰。

第六节 地下停车场基坑支护20年回顾及技术小结

随着城市的高速发展,城市人口越来越多,城市人口密度也越来越大,城市空间越来越拥挤;同时,随着经济的不断发展,城市车辆也越来越多。城市空间拥挤与车辆增多势必催生地下停车场。近 20 年来,武汉市政工程设计研究院承接的地下停车场基坑支护设计项目约有 35 个,见表 2-5。

地下停车场基坑支护设计与施工项目技术小结如下:

(1)地下停车场一般为 1～2 层,较多采用灌注桩支护,较少采用型钢水泥土搅拌墙支护,很少采用拉森桩、放坡或结合放坡支护。

(2)采用型钢水泥土搅拌墙支护,1 层地下室支护单价离散较大,平均 3.5 万元/m;2 层地下室支护单价平均 5.4 万元/m;纯放坡喷锚单价一般低于 0.5 万元/m。

(3)采用灌注桩支护,1 层地下室支护单价离散较大,平均 5.6 万元/m;2 层地下室支护单价离散较大,平均 8.6 万元/m。

(4)基坑造价主要受基坑深度、周边环境及地质条件三大因素影响。

(5)地下室存在外挂坡道,基坑周边空地较少需布置便道时,可考虑坡道与主基坑分期实施。

(6)支护计算应考虑地下室电梯井及消防水池等较深区域;地下室采用承台较密的桩基础,基坑计算深度应按承台底考虑。

(7)放坡+排桩支护时,桩顶边坡高度不宜大于 2m;坡高超过 2m 时,坡度不宜陡于 1:1.5;冠梁顶部可考虑设置 200mm 厚的钢筋混凝土挡墙,减少雨水等地表水对基坑的影响。悬臂排桩支护时,宜在局部设置桩跺、双排桩、角撑或拉梁等加强措施。

(8)停车场基坑面积较大时,根据周边条件可采用不同的桩顶标高,桩顶标高渐变段坡率可取 1:3～1:4。

表 2-5　地下停车场基坑支护设计项目 20 年小结

序号	时间	工程名称	基坑长度/m	基坑宽度/m	基坑深度（层数）/m	基坑周长/m	基坑面积/m^2	基坑重要性等级	地貌	地质及环境条件	主要支护方式
1	2011 年	武汉市二七路地下停车场	129	83	9.9～11.7（2 层）	434	11 280	一级	长江一级阶地	软弱土层深厚，基坑周边紧邻道路、轻轨、地下室，富含承压水	型钢水泥土搅拌墙+2 层混凝土内支撑；深井降水
2	2011 年	武汉市游艺路地下停车场	131	40	9.6（2 层）	342	11 280	一级	长江一级阶地	软弱土层深厚，周边紧邻道路、居民楼、商铺，富含承压水	型钢水泥土搅拌墙+2 层混凝土内支撑；深井降水
3	2012 年	咸宁市城际铁路南站地下停车场	185	80	7.4（1 层）	530	14 800	二级	淦河一级阶地	基坑紧邻咸宁市城际铁路南站	放坡+悬臂式排桩；桩直径 0.6m，间距 0.9m
4	2012 年	咸宁市城际铁路东站地下停车场	220	105	6.2～10（1 层）	660	23 000	一级	淦河一级阶地	基坑紧邻咸宁市城际铁路南站	放坡+挂网喷混凝土
5	2013 年	杨春湖公园地下停车场	107	104	8.0（1 层）	420	11 000	二级	长江三级阶地	表层填土厚，周边环境一般	悬臂式排桩+坑底被动区加固；桩直径 1.0m，间距 1.3m
6	2014 年	墨水湖公园地下停车场	95	78	3.7～6.6（1 层）	476	6110	一级	长江三级阶地	基坑周边临近道路	放坡+悬臂式排桩；桩直径 0.8m，间距 1.1m
7	2015 年	光谷火车站西广场地下停车场	280	220	13（2 层）	850	55 200	一级	长江三级阶地	表层填土厚，周边环境一般	双排桩/排桩+1 道混凝土内支撑；桩直径 1.0m，间距 1.3m
8	2015 年	检察院地下停车场	75	67	10（2 层）	300	4800	一级	长江三级阶地	表层填土厚，周边紧邻房屋	排桩+1 道混凝土内支撑；直径 1.0m，间距 1.3m

续表 2-5

序号	时间	工程名称	基坑长度/m	基坑宽度/m	基坑深度(层数)/m	基坑周长/m	基坑面积/m²	基坑重要性等级	地貌	地质及环境条件	主要支护方式
9	2016年	教育中路地下停车场	305	63	11.5(2层)	750	19 660	一级	长江三级阶地	表层填土厚,周边环境一般	悬臂式双排桩/排桩;直径1.0m,间距1.3m
10	2016年	汤逊湖北路地下停车场	120	60	6.1(1层)	425	9100	一级	长江三级阶地	基坑周边紧邻湖泊、主干道	悬臂式排桩+放坡;桩间双管高压旋喷桩止水
11	2016年	湖口二路地下停车场	145	88	10.5(2层)	380	7500	一级	长江三级阶地	表层填土厚,周边紧邻道路和民房	排桩+1道混凝土内支撑;桩直径0.8m,间距1.2m
12	2016年	樱花园半地下停车场	120	80	4～5.5(1层)	500	9600	一级	长江三级阶地	基坑周边紧邻停车场	放坡+悬臂式排桩;桩直径0.8m,间距1.2m
13	2017年	森林公园南门地下停车场	312	66	9.8～14(2层)	760	20 600	一级	长江三级阶地	周边环境简单	悬臂式双排桩;直径0.8m,前排桩间距1.1m,后排桩间距2.2m
14	2017年	武昌区健康路西段地下停车场	200	85	13(2层)	520	12 500	一级	长江一级阶地	深厚软弱土,周边紧邻道路、民房、长江和地铁	排桩+两道混凝土内支撑;桩直径1.0m,间距1.3m;三轴搅拌桩止水帷幕,深井降水
15	2017年	罗家路环卫停保场地下停车场	74	74	8(1层)	261	4500	一级	长江二级阶地	深厚软弱土,周边紧邻道路、民房、加油站	排桩+1道混凝土内支撑;桩直径1.0m,间距1.3m;双轴搅拌桩止水帷幕

续表 2-5

序号	时间	工程名称	基坑长度/m	基坑宽度/m	基坑深度（层数）/m	基坑周长/m	基坑面积/m^2	基坑重要性等级	地貌	地质及环境条件	主要支护方式
16	2017年	武汉市菱角湖公园地下停车场	140	82	13～14（2层）	425	11 100	一级	长江一级阶地	基坑周边紧邻加油站、菱角湖、主干道及轨道3号线，富含承压水	排桩＋两道混凝土内支撑，局部坑底加固；三轴水泥土搅拌桩止水帷幕，深井降水
17	2018年	四新凤凰湖公园地下停车场	157	63	6.5（1层）	438	9750	二级	长江一级阶地	深厚软弱土，周边环一般	悬臂式拉森桩
18	2018年	郑万铁路河南段郏县站地下停车场	190	110	7.5（1层）	538	14 300	一级	山前冲－洪积平原	深厚卵石层，周边紧邻站前广场及高铁线	悬臂式咬合桩，桩直径1.0m，间距0.75m；咬合素混凝土桩落底止水帷幕，深井降水，回灌井
19	2018年	恩施火车站站前广场地下停车场	110	106	6.6～10（1层）	412	10 626	一级	相当于长江三级阶地	填土较厚，基坑周边紧邻商贸城、道路	悬臂式型钢水泥土搅拌墙＋放坡；三轴水泥土搅拌桩止水帷幕
20	2018年	孝感市航空公园地下停车场	111	35	6.6～8.7（1层）	420	7000	一级	相当于长江三级阶地	基坑周边临近加油站及道路	悬臂式型钢水泥土搅拌墙＋放坡；三轴水泥土搅拌桩止水帷幕
21	2019年	莲花公园地下停车场	144	60	7.4～8.4（1层）	400	8200	一级	长江一级阶地	深厚软弱土，周边紧邻道路、民房、渠道	排桩＋1道混凝土内支撑；桩直径1.0m，间距1.3m；三轴搅拌桩止水帷幕
22	2020年	武汉光谷金融港学校地下停车场	210	190	7（1层）	828	2950	一级	长江二级阶地	表层深厚填土，下部溶洞；周边紧邻道路、民房	双排桩/排桩＋1道混凝土内支撑；桩直径0.8m，间距1.2m；三轴搅拌桩止水帷幕

续表 2-5

序号	时间	工程名称	基坑长度/m	基坑宽度/m	基坑深度(层数)/m	基坑周长/m	基坑面积/m^2	基坑重要性等级	地貌	地质及环境条件	主要支护方式
23	2020年	国博公园地下停车场	112	45	10.2(2层)	300	3600	一级	长江三级阶地	深厚软弱土层，周边紧邻道路	排桩+两道混凝土内支撑；桩直径1.0m，间距1.2m；三轴搅拌桩止水帷幕，深井降水
24	2020年	汉口站北广场地下停车场	120	145	5.3～7.6(1层)	500	14 000	一级	长江一级阶地	深厚软弱土，周边紧邻地铁2号线，汉口火车站	排桩+1道混凝土内支撑；桩直径0.8～1.2m，间距1.0～1.5m；局部坑底加固，三轴搅拌桩止水帷幕
25	2021年	光谷第九小学地下停车场	100	52	5(1层)	308	5400	二级	三长江级阶地	表层填土厚，周边紧邻教学楼和道路	悬臂式排桩；桩直径0.7m，间距1.1m
26	2021年	武汉动物园综合改造工程地下停车场	270	110	6.7～7.8(1层)	795	24 000	二级	长江三级阶地	表层填土厚，周边紧邻现状湖泊、房屋和道路	悬臂式排桩，局部内支撑；桩直径1.0～1.2m，间距1.3～1.5m；桩间双管高压旋喷桩止水
27	2022年	晓月园绿化公园地下停车场	100	86	10.5(2层)	365	8850	一级	长江一级阶地	深厚软弱土，周边紧邻道路、民房	排桩+1道混凝土内支撑；桩直径1.0m，间距1.3m；三轴搅拌桩止水帷幕，深井降水
28	2022年	白沙二路地下停车场	121	106	12(2层)	460	13 000	一级	长江一级阶地	深厚软弱土，周边紧邻道路、民房	排桩+1道混凝土内支撑；桩直径1.0m，间距1.3m；三轴搅拌桩止水帷幕，深井降水

续表 2-5

序号	时间	工程名称	基坑长度/m	基坑宽度/m	基坑深度（层数）/m	基坑周长/m	基坑面积/m²	基坑重要性等级	地貌	地质及环境条件	主要支护方式
29	2022年	生物城地下停车场	220	35	5～6（1层）	510	7600	一级	长江二级阶地	表层填土、软弱土厚，周边紧邻电力管廊、军事围墙	排桩+1道混凝土内支撑；桩直径0.8m，间距1.2m；桩间双管高压旋喷桩止水
30	2022年	光霞路地下停车场	88	54	10（2层）	275	4100	一级	长江一级阶地	深厚软弱土层，周边紧邻道路	排桩+两道混凝土内支撑；直径1.0m，间距1.3m；三轴搅拌桩止水帷幕，深井降水
31	2022年	光霞公园地下停车场	180	60	8.2～8.5（1层）	540	12 000	一级	长江一级阶地	深厚软弱土层，周边紧邻道路、桥梁、高压铁塔	型钢水泥土搅拌墙+1层混凝土内支撑+1层组合型钢内支撑；深井降水
32	2022年	龙阳湖岸线1#地下停车场	170	87	7.0～8.3（1层）	500	14 630	一级	长江三级阶地	填土较厚，周边紧邻市政道路、桥梁	悬臂式排桩；桩直径1.0m，间距1.3m；桩间三管高压旋喷桩止水
33	2022年	龙阳湖岸线2#地下停车场	150	120	6.2～8.0（1层）	475	12 140	一级	长江三级阶地	填土厚，周边紧邻市政道路、桥梁、中压燃气管	悬臂式排桩；桩直径1.0m，间距1.3m；桩间三管高压旋喷桩止水
34	2022年	光谷神墩五路地下停车场	58	52	4.8～5.7（1层）	220	3016	一级	长江三级阶地	基坑北侧紧邻主干道	悬臂式排桩+放坡；桩间双管高压旋喷桩止水
35	2023年	武汉市第一中学公共停车场	157	126	7.3～7.6（1层）	566	19 353	一级	长江一级阶地	东侧和北侧为武汉市第一中学教学区，南侧为常青一路；项目下方为后期建设的地铁12号线区间隧道	排桩+1道混凝土支撑；桩径0.8～1.0m，间距1.2～1.4m）；桩侧采用三轴水泥土搅拌桩止水帷幕

(9)周边环境复杂或变形控制严格的基坑宜采用顶板换撑,顶板与内支撑之间净距不足时,可上抬内支撑标高,必要时桩顶标高可高出地面。

(10)学校和人防工程地下室基坑设计应充分考虑地下室上翻梁的影响,避免与内支撑冲突。

(11)内支撑布置宜与主体结构相结合,立柱桩尽量利用工程桩。立柱桩由于施工误差与混凝土支撑的位置不重合时,应考虑其偏心连接做法。

(12)基坑斜角等异型区域或出土处支撑间距较大区域,可考虑增设板撑、边桁架等措施提高支撑整体刚度。

(13)地下室结构存在后浇带,换撑时需采取传力杆件传力。

(14)采用楼板换撑的基坑,内支撑与中间楼板的距离尽量留足空间,方便预留钢筋与上层钢筋连接。

(15)车行通道等局部区域无中板或顶板提供换撑时,应考虑拆撑逆工况的桩身及支撑受力变化,必要时增加临时钢支撑作为换撑。

(16)钢筋混凝土支撑采用爆破方法拆除时制约因素较多,如炸药的运输是否受到管制、爆破作业实施的周期及环保问题等。

(17)岩溶发育区域应尽量缩短支护桩桩长,避免支护桩伸入灰岩较多,避免或减小溶洞处理和灰岩施工难度。

第七节　市政基坑支护帷幕20年回顾及技术小结

基坑支护设计主要包括基坑支护结构设计、地下水控制设计、土方开挖与回填设计、基坑监测设计四大部分,其中基坑支护帷幕设计是地下水控制设计的重要组成部分,它对基坑工程的稳定、变形与安全往往有着重要的影响。

基坑帷幕关键技术20年小结如表2-6所示。

(1)表中提供的信息多数是比较正确的,但不是准确的,因机械、设备、工艺及技术一直在不断发展、更新,需及时了解、掌握。

(2)表中质量比较不易控制是指同一条件止水帷幕发生漏水的概率相对较高;可控制则指发生漏水的概率相对较低。施工队伍的多少顺序依次为多、较多、较少、很少。设备的大小顺序依次为高大、较高大、一般、较低小、低小。

(3)帷幕的主要功能为止水,有时也止淤,有时止水又止淤。当用作止水时,应作为地下水治理的主要手段之一。

(4)帷幕的形式当用作止水时,通常要连续、封闭;当用作止淤时,可不连续、封闭。

(5)帷幕的选择与工程地质条件、基坑深度、周边环境、工程地域、工程进度及工程相关建设方等有关,需慎重选择。

(6)止水帷幕的咬合宽度要以保证帷幕连续为原则,即要能避免由于基坑深度、施工允许误差等因素产生的最不利开衩宽度过大而使帷幕不连续闭合。

表 2-6　基坑帷幕关键技术 20 年小结（2003—2023 年）

关键技术	帷幕最大深度/m	适用土层	一般布置形式	造价比较（三轴设为 1.0）	设备大小	施工队伍	质量比较
槽钢	8.0	淤泥、淤泥质土、弱黏性土	排列、咬合		反铲，较高大	多	不易控制
拉森桩	18.0	黏性土、粉土、砂土	排列、咬合		反铲振动锤、较高大，静压设备、较低小	多	不易控制
水泥土类搅拌桩	15.0	黏性土、粉土、砂土	直径 0.5m、0.6m，咬合 0.15～0.25m，一排或两排	1.0	搅拌桩机械，较高大	多	不易控制
单管旋喷桩	20.0	黏性土、粉土、砂土、砾石土	直径 0.5m、0.6m，咬合 0.15～0.25m，一排或两排	2.0	旋喷桩机械，较低小	多	不易控制
双管旋喷桩	30.0	黏性土、粉土、砂土、砾石土	直径 0.6m、0.8m、1.0m，咬合 0.15～0.25m，一排或两排	2.2	旋喷桩机械，较低小	多	不易控制
水泥土双向搅拌桩	20.0	黏性土、粉土、砂土	直径 0.6～1.0m，咬合 0.15～0.25m，一排或两排	1.0	搅拌桩机械，较高大	较少	可控制
双轴水泥土搅拌桩	18.0	黏性土、粉土、砂土	直径 0.65m、0.7m，咬合 0.20m，一排	0.8	搅拌桩机械，较高大	较少	可控制
三轴水泥土搅拌桩	30.0	黏性土、粉土、砂土、3.0m 以内的砾石土	直径 0.85m，每幅咬合 0.25～0.85m，一排	1.0	三轴搅拌桩机械，高大	较多	可控制
TRD 工法（等厚度水泥土地下连续墙工法）	50.0	黏性土、粉土、砂土	宽度 0.6～1.0m，咬合 0.2～0.3m，一排	1.6	一般	较少	可控制

续表 2-6

关键技术	帷幕最大深度/m	适用土层	一般布置形式	造价比较（三轴设为1.0）	设备大小	施工队伍	质量比较
CSM 工法（等厚度水泥土地下连续墙工法）	50.0	黏性土、粉土、砂土、砾石土、3.0m 以内的卵石土	宽度 0.6～1.0m，咬合 0.2～0.3m，一排	1.6	高大	较少	可控制
钻孔后注浆地下连续墙工法（等厚度水泥土地下连续墙工法）	60.0	黏性土、粉土、砂土、砾石土、卵石土	宽度 0.8～1.0m，咬合 0.2～0.3m，一排	1.6	一般	很少	可控制
咬合灌注桩	60.0	黏性土、粉土、砂土、砾石土、卵石土	直径 1.0～1.5m，咬合 0.2～0.3m，一排	2.5	高大	很少	可控制
素混凝土地下连续墙	60.0	黏性土、粉土、砂土、砾石土、卵石土	宽度 0.6～1.2m，咬合 0.2～0.3m，一排	2.2	一般	较多	可控制
钢筋混凝土地下连续墙	60.0	黏性土、粉土、砂土、砾石土、卵石土	宽度 0.8～1.2m，一排	3.0	吊车高大	较多	可控制
注浆法	15.0	松散土、砾石土、卵石土		1.2	低小	较少	不易控制

（7）帷幕内插型钢等芯材时，帷幕应与芯材共同形成支护受力构件。

（8）槽钢、拉森桩作为支护构件时，一般兼作帷幕，不再另外设置帷幕。

（9）单管旋喷桩及双管旋喷桩由于造价较高且质量不易控制，应尽量避免采用作为止水帷幕。旋喷桩包括单管旋喷、双管旋喷及三管旋喷，多数采用双管旋喷桩，直径0.8～1.0m。

（10）针对工程地质条件，适用性较为广泛的止水帷幕形式主要是咬合灌注桩、采用抓斗设备施工的钻孔后注浆地下连续墙、素混凝土地下连续墙及钢筋混凝土地下连续墙。

（11）条件允许时，采用三轴水泥土搅拌桩作止水帷幕最为适宜。

（12）三轴搅拌桩机械总耗电量在400kW以上，五轴搅拌桩机械总耗电量在600kW以上，CSM工法、TRD工法机械总耗电量在700kW以上，而钻孔后注浆地下连续墙工法使用抓斗、柴油设备，总耗电量相对较低。

（13）帷幕的选型。

竖向帷幕的选择一般与帷幕深度相关，帷幕深度是指从地面算起，即机械开始施工的深度，与帷幕埋深不同。

①帷幕深度小于或等于6m时，可采用槽钢、拉森桩、水泥土类搅拌桩、三轴水泥土搅拌桩、等厚度水泥土搅拌墙、素混凝土地下连续墙、咬合灌注桩等。

②帷幕深度小于或等于12m时，可采用拉森桩、水泥土类搅拌桩、三轴水泥土搅拌桩、等厚度水泥土搅拌墙、素混凝土地下连续墙、咬合灌注桩等。

③帷幕深度小于或等于15m时，可采用水泥土类搅拌桩、三轴水泥土搅拌桩、等厚度水泥土搅拌墙、素混凝土地下连续墙、咬合灌注桩等。

④帷幕深度小于或等于30m时，可采用三轴水泥土搅拌桩、等厚度水泥土搅拌墙、素混凝土地下连续墙、咬合灌注桩等。

⑤帷幕深度大于30m时，可采用等厚度水泥土搅拌墙、素混凝土地下连续墙、咬合灌注桩等。

⑥旋喷桩、MJS工法、注浆法作为止水帷幕，可用于空间较为狭小处、地下连续墙接缝处、桩间接缝处、不同方法接缝处等施工条件受限或点状部位处。

水平帷幕一般采用水泥土类搅拌桩、三轴水泥土搅拌桩、等厚度水泥土搅拌墙、旋喷桩等，其选择可参考竖向帷幕。

对于市政管道、箱涵及管廊等线性及宽度不大的基坑，基坑深度小于或等于3.5m时，一般采用6m或8m的槽钢进行支护，当土层较为坚硬难以打入槽钢时，可增设引孔措施。同时，对于任意土层，槽钢兼作止水帷幕或止土帷幕，不再增设止水帷幕或止土帷幕。基坑深度大于3.5m时，一般采用拉森桩进行支护，根据深度不同，拉森桩长度可采用6m、9m、12m、15m、18m，甚至21m，基坑支护深度可达到10m左右，当土层较为坚硬难以打入拉森桩时，可增设引孔或静压措施。同时，对于任意土层，拉森桩兼作止水帷幕或止土帷幕，不再增设止水帷幕或止土帷幕。

第八节　市政基坑工程造价稳定性分析与研究

一、基坑及基坑工程的定义

根据《建筑基坑支护技术规程》(JGJ 120—2012),基坑是指为进行建(构)筑物地下部分的施工由地面向下开挖出的空间。

根据湖北省地方标准《基坑工程技术规程》(DB42/T 159—2012),基坑工程是指为保证基坑正常施工、主体地下结构的安全和周围环境不受损害而采取的各工程措施的总称,主要有岩土工程勘察、支护设计与施工、地下水及地表水的控制、周围环境监测与保护、土方开挖与回填等内容。其中,市政基坑工程设计主要包括基坑支护结构设计、地下水及地表水的治理、基坑监测与土方开挖4个部分的内容。

二、市政基坑工程的一般范畴

市政基坑工程是指由于市政工程而产生的一系列基坑,主要包括管道沟槽基坑、箱涵基坑、泵站基坑、调蓄池基坑、污水处理厂基坑、管廊基坑、地铁基坑、通道基坑、地下停车场基坑等基坑工程。

三、市政基坑工程造价及其稳定性的说明与意义

市政基坑工程造价是指为了顺利完成基坑工程而采取的基坑支护措施所产生的工程费用,包括分部分项工程费、措施项目费、其他项目费、规费及增值税等。由于分部分项工程费最终关联于直接工程费用,因此本研究主要针对直接工程费用。由于市政工程项目多为公益性的政府投入项目,对于项目资金的审批及使用规范较严格,因此在项目的建设前期、中期及后期整个过程中,项目工程造价的一致性及稳定性尤为重要。若在某一过程或某一环节出现较大的造价波动,则可能导致工程项目需要进行重新审批、专家评审及重新设计等繁琐过程,影响工程进展,甚至影响工程质量。

四、市政基坑工程造价常出现偏差的原因分析

(1)无勘察报告。很多项目在可行性研究、初步设计甚至施工图设计阶段,均没有勘察报告,采用参考的地质条件,在后期将会导致基坑工程造价存在一定或较大,甚至很大的偏差。

(2)勘察结果有差异。很多项目在可行性研究、初步设计、施工图设计甚至施工阶段,具备勘察报告,但在场地工程地质条件复杂地段,由于前后阶段勘察的详细程度不同,勘察结果存在差异,导致基坑工程造价存在一定或较大,甚至很大的偏差。如北湖闸渠道工程,施

工期间反映地质异常，通过施工补充勘察发现部分段渠道实际工程地质条件与原勘察报告存在较大差异，导致渠道支护设计方案发生变化，工程造价增加约5000万元。

（3）前期现场踏勘不仔细。设计时，在某一阶段没有认真、仔细调查现场地形地貌，导致在后期工作阶段甚至工程实施阶段，基坑工程造价存在一定或较大，甚至很大的偏差。如某些项目忽略了本来存在的铁塔、房屋等建（构）筑物，后期在施工阶段予以变更保护，导致基坑工程造价存在一定或较大甚至很大的偏差。

（4）支护方案变更。在某一阶段确定的设计方案，后期专家论证、设计评审以及图纸审查等过程中进行了优化、完善或更改，导致基坑工程造价存在一定或较大，甚至很大的偏差。诸多基坑工程存在这样的现象，造价一般存在一定的偏差。

（5）设计习惯不同，与其他设计院比较，难以统一。某一项目由两家及两家以上设计院设计时，对于同一基坑往往出现设计思路及方法不太一致的现象。在后期专家论证、设计评审以及图纸审查等过程中，为了尽量保证方案的一致性，需要进行优化、完善或更改，导致基坑工程造价存在一定或较大，甚至很大的偏差。例如谌家矶大道项目，基坑支护采用钻孔灌注桩＋4道内支撑支护，武汉市政工程设计研究院第一、第三道采用钢筋混凝土支撑，第二、第四道采用钢支撑布置，而上海某设计院第一道采用钢筋混凝土支撑，第二至第四道均采用钢支撑布置。两种支撑布置形式都可满足要求，但为保持一致性，需要某一家设计院进行一定的调整，导致基坑工程造价存在一定的偏差。

（6）设计不精细。对于线路长的管涵、综合管廊、通道、渠道等基坑，由于设计时不够精细，后期专家论证、设计评审以及图纸审查等过程中进行了优化或完善，导致基坑工程造价存在一定或较大的偏差。例如汉口火车站通道工程，在50m范围内型钢支护桩根据地层进行了进一步优化，原设计的20m桩长优化为20m及18m两种桩长，导致基坑工程造价存在一定的偏差。

（7）上游专业调整。由于道路、排水、管廊等上游专业的边界条件发生变化，基坑原有的支护手段及方案需要调整或优化，导致基坑工程造价存在一定或较大，甚至很大的偏差。例如樊西管廊，施工过程中发现了一些前期未探明的地下管线，导致工艺发生变化，如舱室调整、平纵调整等，基坑尺寸、支护型式随之变化，支护费用也就发生变化。再如谌家矶大道，前期新增了一条规划箱涵横穿隧道，导致隧道纵断面下降、基坑加深，桩径、桩长发生变化，支护费用增加。

（8）工程量计算错误。由于工程量计算错误，基坑工程造价存在一定或较大，甚至很大的偏差。例如某渠道支护工程，水泥土搅拌桩工程量约50 000延米，设计者提交概算为5000延米，每延米约60元，结果工程费用由30万元调整为300万元，变化很大。

（9）定额变化。由于工程定额变化较大，基坑工程造价存在一定或较大，甚至很大的偏差。例如某沟槽基坑，采用拉森桩支护，2018年以前，一般沟槽基坑采用拉森桩每延米估价3000～4000元，2018年以后，由于定额变化，一般沟槽基坑采用拉森桩每延米估价5000～7000元，导致某些项目基坑工程造价存在一定或较大甚至很大的偏差。

（10）单价套用错误。由于工程单价套用错误，基坑工程造价存在一定或较大，甚至很大的偏差。例如某基坑工程，水泥土搅拌桩工程量约30 000延米，每延米约60元，计算时误写为6元，工程费用由18万元调整为180万元，变化很大。

(11)材料价格波动。由于材料价格波动较大，基坑工程造价存在一定或较大，甚至很大的偏差。不少项目设计周期较长，可达到1～3年，钢筋、型钢、混凝土及土方等材料价格波动较大。例如昆明海明河调蓄池基坑，2009年开始方案设计，采用型钢水泥土墙进行支护，2010年完成施工图设计后，型钢价格发生了一定的变化，导致基坑工程造价存在一定的偏差。

(12)现场地形地貌变化。设计时，虽然认真、仔细调查了现场地形地貌，但是由于其他原因，在后期设计阶段甚至工程实施阶段现场地形地貌发生了变化，导致基坑工程造价存在一定或较大，甚至很大的偏差。例如某项目设计时间为2008年，施工时间为2010年，在具体施工时，道路红线内及红线外均有5～8m高度的填土，导致道路、雨水管道及污水管道施工边界条件发生了很大的变化，需要清除较大方量的土方，土方工程量、雨水管道及污水管道基坑支护工程量均发生了很大的变化。

(13)周边环境变化。由于周边环境变化，基坑支护原有的支护手段及方案需要调整或优化，导致基坑工程造价存在一定或较大，甚至很大的偏差。例如打鼓渡渠道工程，由于工程建设周期较长，在此期间周边的地块开发如火如荼，原设计方案比较开阔的边界条件变得紧促了，使得工程的渠道加固及支护方案需要变化，导致基坑工程造价存在一定的偏差。

(14)地下管涵环境变化。由于新发现地下管涵或已知地下管涵位置及布置与测量不一致等，基坑支护原有的支护手段及方案需要调整或优化，导致基坑工程造价存在一定或较大，甚至很大的偏差。例如襄阳樊西综合管廊，在施工过程中多次发现之前测量未发现的管涵或测量位置与实际位置有较大差异的现象，使得管廊工艺及基坑支护均需要调整，导致基坑工程造价存在一定的偏差。

(15)施工进度变化。由于施工进度发生变化，基坑支护原有的支护手段及方案需要调整或优化，导致基坑工程造价存在一定或较大，甚至很大的偏差。例如东湖通道工程三标段，为了加快施工进度，基坑部分肥槽由原设计的黏性土回填更改为素混凝土回填，导致基坑工程造价存在一定的偏差。

(16)交通疏解条件变化。由于原计划的交通疏解条件发生变化，基坑支护原有的支护手段及方案需要调整或优化，导致基坑工程造价存在一定或较大，甚至很大的偏差。例如和平大道南延线工程，原设计基坑为全断面开挖，施工时，附近地铁同时施工，导致交通疏解需要调整，基坑由全断面开挖更改为半盖挖方式，增加了盖板设计，导致基坑工程造价存在一定的偏差。

(17)业主意愿改变。某些业主由于各种原因，强烈要求设计院对比较合理可行的方案进行调整或进一步优化，导致基坑工程造价存在一定或较大，甚至很大的偏差。例如绿色大道工程，地基处理原设计为换填处理，由于各种原因，业主强烈要求变更为搅拌桩处理，导致地基处理及沟槽基坑工程造价存在较大的偏差。

(18)施工单位意愿改变。某些施工单位由于各种原因，强烈要求设计院对比较合理可行的方案进行调整或进一步优化，导致基坑工程造价存在一定或较大，甚至很大的偏差。例如襄阳洪沟泵站工程，原设计基坑支护为咬合桩，由于各种原因，施工单位强烈要求变更为地下连续墙或一般灌注桩，导致基坑工程造价存在较大的偏差。

(19)铁路、地铁、电力、燃气、堤防、防洪等相关权属部门专项评审原因。设计时，对于附近存在铁路、地铁、电力及燃气等重大风险源的项目，由于各种原因没有及时与相关权属部门进行沟通、评审，或沟通、评审不充分，导致后期基坑工程存在一定或较大，甚至很大的偏差。例如某泵站工程，在后期防洪影响评价时，相关部门要求采用搅拌桩对基坑进行封底，而前期由于没有充分沟通，无搅拌桩封底这一项目，导致本基坑工程造价存在较大的偏差。

上述市政基坑工程造价稳定性常出现偏差的原因可根据项目建设阶段进行分类，如表2-7所示。

表2-7　基坑工程造价稳定性常出现偏差的原因分类

项目建设阶段	偏差的原因	被动或主动
设计阶段 (7项)	无勘察报告	被动
	前期现场踏勘不仔细	主动
	支护方案变更	主动、被动
	设计习惯不同，与其他设计院比较，难以统一	主动、被动
	设计不精细	主动、被动
	上游专业调整	被动
	铁路、地铁、电力、燃气、堤防、防洪等相关权属部门专项评审原因	被动
概算阶段 (4项)	工程量计算错误	主动
	定额变化	被动
	单价套用错误	被动
	材料价格波动	被动
施工阶段 (6项)	勘察结果有差异	被动
	现场地形地貌变化	被动
	周边环境变化	被动
	地下管涵环境变化	被动
	施工进度变化	被动
	交通疏解条件变化	被动
相关方意愿 (2项)	业主意愿改变	被动
	施工单位意愿改变	被动

五、市政基坑工程造价稳定性的对策研究

针对上述分析，结合工程实际，确保市政基坑工程造价保持稳定的对策如表 2－8 所示。

表 2－8　确保市政基坑工程造价保持稳定的对策

主动或被动	偏差的原因	对策
被动（14 项）	无勘察报告	①积极主动索要资料；②尽可能收集可以参考的资料；③收集地质灾害分布图等资料，工程场地位于岩溶、滑坡等灾害易发区域时应有专项估计，避免漏项
	勘察结果有差异	①设计应充分考虑勘察的差异，尽可能包络或减小其引起的影响；②变更设计应合理可行
	现场地形地貌改变	①设计应充分考虑地形地貌的变化，尽可能包络或减小其引起的影响；②变更设计应合理可行；③尽量采用航拍手段，后期可反复查看
	周边环境变化	①结合项目工期及其周边规划，设计应充分考虑周边环境的变化性，尽可能包络或减小其引起的影响；②变更设计应合理可行；③设计文件注明建设前置条件及边界条件
	地下管涵环境变化	①设计前应彻底进行管线调查；②结合项目工期及其周边规划，设计应充分考虑地下管涵的环境变化可能性，尽可能包络或减小其引起的影响；③变更设计应合理可行；④设计文件注明建设前置条件及边界条件
	施工进度变化	①应充分了解项目的特点及施工进度；②设计方案及措施尽可能施工方便、快速；③变更设计应合理可行
	交通疏解条件变化	①应与相关专业人员充分了解项目的特点、交通疏解情况；②变更设计应合理可行
	上游专业调整	①应与上游专业人员充分沟通，督促其保持边界稳定，尽可能少调整或不调整；②变更设计应合理可行
	定额变化	与概算专业人员及时核对、沟通
	单价套用错误	与概算专业人员及时核对、沟通
	材料价格波动	与概算专业人员及时核对、沟通
	业主、施工单位意愿改变	①与业主、施工单位及时沟通；②变更设计应合理可行
	铁路、地铁、电力、燃气、堤防、防洪等相关权属部门专项评审原因	①明确要求建设单位在方案稳定前报审，充分考虑行业评估意见；②收集类似案例与造价分析，完善设计；③进行专项设计，尽量包络或减小其引起的影响；④问题及建议书说明

续表 2-13

主动或被动	偏差的原因	对策
主动（2项）	前期现场踏勘不仔细	①及时、认真踏勘现场；②变更设计应合理可行
	工程量计算错误	仔细校核工程量计算
被动或主动（3项）	支护方案变更	①设计前设计、校核及审核审定等相关者开会研究、探讨，最终确定支护方案；②设计完成后，及时检查，核实技术经济等是否适宜；③成果出版前组织综合评审
	设计习惯不同，与其他设计院比较，难以统一	尽可能沟通、相互妥协并统一
	设计不精细	①设计应尽可能精细；②加强校核及审核；③通过施工配合及设计回访，收集设计精细化不足问题，及时予以改进

六、结论

（1）市政基坑工程造价稳定性常出现偏差的原因复杂。

（2）为了尽可能保持基坑工程造价的稳定，需要全过程努力。

（3）被动原因占多数，主动原因较少，通过努力可以避免由于主动原因而导致较大的造价偏差。

第九节　市政基坑工程小变形控制方法

为了使基坑工程安全、可靠、经济、合理，严格控制有微变形或小变形控制要求的基坑工程及其邻近重要环境保护对象的变形，基坑工程的设计、施工、监测及应急管理需要理解并掌握以下认识与方法。

一、基本认识

（1）基坑工程小变形控制应采用先进可靠、低碳环保的设计理念、施工工艺、高效能设备、信息化监控及管理技术等，结合过程监控和动态控制等措施确保工程及环境安全。

（2）基坑工程小变形控制应涵盖勘测、设计、施工及建设管理各阶段。

（3）基坑工程小变形控制应包括设备进场及组装、场平施工、清障施工、支护桩体等结构及土体加固施工、地下水控制施工、支撑体系施工、土方开挖施工、地下结构施工及基坑回填施工等基坑施工全过程。

（4）设备进场及组装、场平施工应能确保设备及场地的稳定性，根据场地条件及周边环境条件适时采取加固、监控等措施，保证整个施工过程不产生不利的过大沉降及变形。

（5）清障施工、支护桩体等结构及土体加固施工应综合考虑场地地质条件、环境保护要求、场地施工条件以及工程经验等因素，选择适宜的施工工艺，尽可能降低对环境保护对象的振动

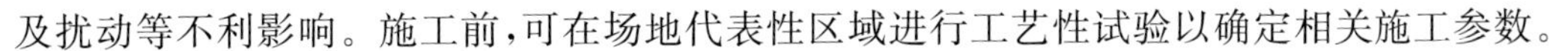

及扰动等不利影响。施工前，可在场地代表性区域进行工艺性试验以确定相关施工参数。

(6)地下水控制应进行专项水文地质勘察、专项地下水控制设计，施工应以控制和减小对周边环境的不利影响为原则进行，应结合现场试验动态，综合确定地下水控制设计与施工所需的水文地质参数。

(7)支撑体系及土方开挖施工应遵循时空效应原理，按照分层、分段、分块、对称、均衡、限时的原则进行开挖与施工，并应根据支撑体系和周边环境的监测数据进行开挖与施工的动态调整。

(8)地下结构应在基坑开挖到位后及时施工，施工过程中不得随意碰撞、破坏桩体和内支撑等支护构件；满足回填条件时，应及时进行基坑回填施工。

(9)对变形控制有严格要求的环境保护对象应编制针对性的监测方案及保护方案，并按照规定与相关权属部门协调或备案。

(10)应预先制定应急抢险预案，预案应根据基坑工程的支护结构、周边环境及其保护要求、场地条件、地质条件、施工方案等综合确定。

(11)环境保护对象的变形控制标准应按照相关规定及要求确定，并考虑其历史变形及基坑施工全过程。

二、基坑工程小变形控制方法

1.设计

(1)支护桩体或放坡顶边线尽量远离环境保护对象。基坑与结构间的肥槽可取消或尽可能采用小距离，肥槽回填材料采用混凝土或自密实材料。

(2)支护桩为钢板桩时，采用静力压桩及钢筋混凝土冠梁，钢板桩后期根据情况可不拔出。采用抓斗成槽施工方式时，应论证其对环境保护对象的不利影响及适宜性。

(3)支护桩不宜采用管桩等震动、挤土作用明显或高压旋喷桩等扰动较大的桩型，必须设置时应结合静压、减压等措施严格控制不利影响。

(4)邻近环境保护对象的基坑宜采用窄槽施工或小面积施工，主体结构宜分期分块施工。

(5)第一道支撑采用钢筋混凝土支撑，钢支撑宜采用可适时调节基坑变形的伺服装置。

(6)基坑坑底应采用厚度不小于150mm的C20早强素混凝土垫层。

(7)基坑开挖前，应进行预降水试验以检验隔水帷幕的有效性。环境保护对象侧根据监测情况，可采取地下水回灌作为主动保护措施，且应结合基坑开挖工况按需分级降水，严禁超降。

(8)条件具备时环境保护对象与基坑之间可设置减震沟、减压孔、隔离桩或隔离墙等。

2.施工

(1)紧邻环境保护对象侧不宜设置施工道路、材料堆场等，必须设置时应符合设计要求。

(2)应选择对环境影响小的施工设备及机械进行施工，并应在远离保护对象的位置进行工艺性试验，以便确定对环境影响较小的施工工艺和施工技术参数。

（3）支护结构应由环境保护对象侧向远离该侧的方向进行施工。

（4）基坑工程紧邻环境保护对象侧的施工应按止水帷幕、支护桩或支护墙、坑内加固、工程桩的顺序由近向远进行。

（5）关于清障施工的要求：

①施工前应对支护结构施工区域内的地下障碍物、管线等进行详细的调查。存在地下障碍物时，应预先清除。

②清障工艺应根据障碍物的状况、地质条件、环境保护对象的保护要求等综合确定，并制定专项清障方案。

③紧邻环境保护对象且明挖清障对其有影响时，可采用全回转全套管钻进工艺进行清障，套管深度超过障碍物不宜小于1m。

④清障后应及时回填，回填时应分层压实，回填材料可选择水泥土或低强度混凝土等易密实的材料。

（6）关于灌注柱排桩施工的要求：

①灌注柱排柱应采用间隔成桩的施工顺序。

②成孔时在孔位埋设护筒，护筒高度应满足孔内泥浆面高度要求，护筒应进入稳定土层。

③在砂层成孔过程中应采用人工造浆，泥浆制备选用优质膨润土，泥浆应根据施工机械、工艺及穿越土层情况进行配合比试验。

④应采用低应变动测法全数检测桩身完整性。

（7）关于帷幕施工的要求：

①侧向止水帷幕施工应保证材料用量，加强过程检查验收，确保施工质量符合设计和规范要求。当采用深层搅拌桩、高压旋喷桩止水帷幕时，深层搅拌桩搭接长度不应小于15cm，旋喷桩搭接长度不应小于20cm。

②水泥土搅拌桩搭接施工间隔时间不宜大于24h，当超过24h时，搭接施工应放慢搅拌速度，以确保搭接效果。若无法搭接或搭接不良，应进行冷缝及缝隙处理，可采用注浆、增设旋喷桩等补救措施，确保帷幕完整、连续。

（8）关于内支撑施工的要求：

①严格执行“先撑后挖”原则。

②钢支撑连接宜选用法兰盘螺栓连接，螺栓采用高强螺栓。

③钢筋混凝土支撑应分区分段施工，分区支撑宜在开挖后24h内施工完成。钢筋可采用预制钢筋笼体系，混凝土可采用早强及微膨胀等措施。

④支撑拆除应在换撑达到设计要求后进行。

（9）关于土方施工的要求：

①钢筋混凝土支撑强度或钢支撑预加轴力达到设计要求后方可进行下层土方开挖。

②基坑开挖可采用一端向另一端开挖的方法，也可采用从中间向两端开挖的方法。

③基坑开挖与支撑浇筑应遵循“分段、分层、分块、对称、均衡、限时”的原则，尽量缩短基

坑无支撑暴露时间。基坑分段点宜根据支撑布置确定，后期分段挖土在前期分段支撑完成后进行。

④基坑开挖至坑底标高时，应及时浇筑混凝土垫层。

⑤土方开挖应结合地下水控制及帷幕使用状态，开挖过程中应将承压水控制在开挖面以下。承压水控制不理想时，不得采用坑内明排后强行开挖等方式，避免加剧帷幕渗漏及坑外水土流失。

⑥邻近环境保护对象的基坑应及时回填。

(10)关于承压水降水施工的要求：

①承压水降水应遵照“按需降水、控制沉降、保护环境”的原则，严禁超降、提前降水及过度降水。

②基坑开挖前应进行抽水试验，根据试验结果制定详细的降水运行方案，确定在不同开挖工况下对应开启的井群数量、运行时间、降深控制，同时应判定隔水帷幕止水效果。

③基坑开挖过程中，应根据挖土顺序、地下结构施工进度和水位动态监测情况，适时调整降水井的开启数量，减少基坑周边水位降幅及地下水的总抽排量。降水井启闭时间应做好相关施工记录。

④降水全过程应严格控制管井出水含砂量，必须动态监测基坑内、外水位变化情况，确保坑内水位满足设计及施工要求。

⑤降水运行必须有备用电源，防止降水中断影响降水及基坑施工。

3. 监测

(1)针对特殊环境保护对象，应增加监测项目或监测点，工程需要时应延长监测周期。

(2)现场监测数据应及时整理并与现场巡查、检查等情况进行对比分析，监测信息应及时反馈；发现影响工程及周边环境安全的异常情况时，必须立即报告。

(3)监测成果宜包括现场监测资料、监测值、监测变形量历时曲线、图表、各种影像资料、相关文字报告、分析评价资料等。监测报告应规范、完整、清晰，相关人员签字应齐全。

4. 应急管理

(1)土方开挖前应结合支护结构施工情况、试抽水情况等进行开挖条件验收，对基坑工程及保护对象进行风险评估并编制应急预案。

(2)应急预案应包括支护结构、地下水控制及土方开挖的应急抢险，小变形保护对象的应急抢修，人员、设备及物资准备等内容，并明确应急管理体系、应急响应条件、应急响应程序、响应升级条件等。

(3)土方开挖应根据应急预案的要求，落实应急抢险队伍，现场配备人员、设备、物资及专家团队等应急处理资源。应急抢险队伍应有类似工程应急抢险的经验。应急预案宜在土方开挖前进行演练。

(4)施工场地布置及栈桥设置应预留应急抢险通道。

（5）应急处理时，应组建现场应急指挥部、技术专家组等，处理方案应经技术专家组论证。

（6）应急抢险过程中应根据险情及时进行风险评估及方案调整，应急处理完成后应再次进行风险评估。

第十节　市政基坑支护工程量数量表

为了提高设计或咨询工作效率以及工程概算与预算的完整性和准确度，并通过工程概算与预算的分析和评价反分析设计产品和成果，以便相互核准和促进，对工程概算与预算的编制进行标准化是十分必要的。由于工程项目具有特殊性、复杂性和创造性，因此对于某一具体项目，工程概算与预算可增、可减、可完善，以最终达到上述目的。拉森钢板桩和普通槽钢基坑支护工程预算工程量计算表见表 2－9，主要适用于管道和箱涵等线性支护工程；灌注桩及 SMW 工法搅拌桩基坑支护工程预算工程量计算表见表 2－10；钢筋混凝土地下连续墙基坑支护工程预算工程量计算表见表 2－11。工程预算主要用于施工图设计阶段，表中的材料规格、尺寸等都是可以变化的。

表 2－9　拉森钢板桩和普通槽钢基坑支护工程预算工程量计算表

项目或费用名称		单位	数量	备注
拉森钢板桩＋内支撑支护	支护长度	m	＊＊＊＊＊＊	单面支护长度
	支护深度	m	＊＊＊＊＊＊	平均深度
	基坑支护面积	m^2	＊＊＊＊＊＊	基坑单面面积
	基坑宽度	m	＊＊＊＊＊＊	
	拉森钢板桩	t	＊＊＊＊＊＊	
	腰梁	t	＊＊＊＊＊＊	普通工字钢
	内支撑和钢板	t	＊＊＊＊＊＊	
	碎石盲沟中的碎石	m^3	＊＊＊＊＊＊	
28b 普通槽钢＋内支撑支护	支护长度	m	＊＊＊＊＊＊	单面支护长度
	支护深度	m	＊＊＊＊＊＊	平均深度
	基坑支护面积	m^2	＊＊＊＊＊＊	基坑单面面积
	基坑宽度	m	＊＊＊＊＊＊	
	普通槽钢	t	＊＊＊＊＊＊	
	腰梁	t	＊＊＊＊＊＊	普通工字钢
	内支撑和钢板	t	＊＊＊＊＊＊	
	碎石盲沟中的碎石	m^3	＊＊＊＊＊＊	

续表 2－9

项目或费用名称		单位	数量	备注	
基坑监测	水平位移	点	* * * * * *		降水时间、监测时间及次数根据工程的具体情况确定
	沉降点	点	* * * * * *		
	水泥砂浆	m^3	* * * * * *	填充拔桩空隙	
降水	管井降水	口	* * * * * *	明确降水时间	
	轻型井点降水	套	* * * * * *	井点管深度6.0m，50 根/套，明确降水时间	
	抽水	m^3	* * * * * *		
截水沟	M10 水泥砂浆砌 MU20 蒸压灰砂砖	m^3	* * * * * *		
	C15 混凝土垫层	m^3	* * * * * *		
	1∶3 水泥砂浆抹面厚 20mm	m^3	* * * * * *		
	挖弃土方	m^3	* * * * * *	明确运距	
	彩条布	m^2	* * * * * *		

表 2－10　灌注桩及 SMW 工法搅拌桩基坑支护工程预算工程量计算表

项目或费用名称		单位	数量	备注
基坑周长		m	* * * * * *	
基坑平均深度		m	* * * * * *	
基坑侧面积		m^2	* * * * * *	
SMW 工法搅拌桩	三轴 SMW 工法搅拌桩	m^3	* * * * * *	直径 0.85m，水泥掺量 20%，水泥强度等级 42.5MPa
	插型钢	t	* * * * * *	涂减摩剂
	拔型钢	t	* * * * * *	
	钻孔后土方外运量	m^3	* * * * * *	明确运距
	钻孔后注浆桩体设备进出场	台	* * * * * *	

续表 2-10

项目或费用名称		单位	数量	备注
灌注桩支护	钻孔灌注桩，直径 1.0m	根	* * * * * *	注明钻孔土类及厚度
	钻孔灌注桩，直径 1.0m	m	* * * * * *	29m/根
	钻孔灌注桩，直径 1.0m，C30 混凝土	m^3	* * * * * *	
	ϕ10 以上钢筋	t	* * * * * *	
	ϕ10 以下钢筋	t	* * * * * *	
	冠梁（钢筋混凝土梁），C30 混凝土	m	* * * * * *	冠梁的长度，明确是否拆除
	冠梁（钢筋混凝土梁），C30 混凝土	m^3	* * * * * *	
	冠梁模板	m^2	* * * * * *	
	ϕ10 以上钢筋	t	* * * * * *	
	ϕ10 以下钢筋	t	* * * * * *	
	钢护筒	m	* * * * * *	
止水帷幕	水泥土搅拌桩，直径 0.6m	m	* * * * * *	6m/根，水泥掺量为 280kg/m^3，水泥强度等级 42.5MPa
	旋喷桩，直径 0.6m（注明单管、双管还是三管）	m	* * * * * *	水泥掺量为 630kg/m^3，水泥强度等级 42.5MPa
	注浆	m^3	* * * * * *	水泥掺量约 360kg/m^3，水泥强度等级 42.5MPa
内支撑	钢管横撑	t	* * * * * *	
	立柱桩	根	* * * * * *	钻孔灌注桩，直径 1.0m，C30 混凝土
	立柱桩	m	* * * * * *	钻孔灌注桩，直径 1.0m，C30 混凝土
	立柱桩钻孔深度	m	* * * * * *	钻孔灌注桩，直径 1.0m，C30 混凝土，注明钻孔土类及厚度
	立柱桩（钻孔灌注桩，直径 1.0m，C30 混凝土）	m^3	* * * * * *	
	立柱桩钢筋	t	* * * * * *	ϕ10 以上钢筋
	立柱桩钢筋	t	* * * * * *	ϕ10 以下钢筋
	立柱挖方（土方）	m^3	* * * * * *	明确运距

续表 2-10

项目或费用名称		单位	数量	备注
内支撑	立柱(4∠125×12)	t	* * * * * *	可回收利用
	立柱(4∠125×12)	t	* * * * * *	不可回收利用
	联系梁安拆	t	* * * * * *	I32a 工字钢
	型钢腰梁	t	* * * * * *	可回收利用
	钢牛腿、加劲板、钢抱箍、接头板	t	* * * * * *	不可回收利用
	800×800 钢筋混凝土梁,C30 混凝土	m	* * * * * *	
	800×800 钢筋混凝土梁,C30 混凝土	m^3	* * * * * *	
	800×800 钢筋混凝土梁模板	m^2	* * * * * *	
	腰梁(钢筋混凝土梁),C30 混凝土	m	* * * * * *	
	腰梁(钢筋混凝土梁),C30 混凝土	m^3	* * * * * *	
截水沟	M10 水泥砂浆砌 MU20 蒸压灰砂砖	m^3	* * * * * *	
	C15 混凝土垫层	m^3	* * * * * *	
	1∶3 水泥砂浆抹面厚 20mm	m^3	* * * * * *	
	挖弃土方	m^3	* * * * * *	
地下水治理	管井降水	口	* * * * * *	明确降水时间
	轻型井点降水	套	* * * * * *	井点管深度 6.0m,50 根/套,明确降水时间
	抽水	m^3	* * * * * *	
被动区加固	三轴 SMW 工法搅拌桩坑底加固	m^3	* * * * * *	直径 0.85m,水泥掺量为 360kg/m^3,水泥强度等级 42.5MPa
	三轴 SMW 工法搅拌桩加固空搅	m^3	* * * * * *	直径 0.85m,水泥掺量为 150kg/m^3,水泥强度等级 42.5MPa
	钻孔后土方外运量	m^3	* * * * * *	明确运距
	钻孔后注浆桩体设备进出场	台	* * * * * *	

续表 2-10

项目或费用名称		单位	数量	备注
喷锚支护	喷射混凝土，60mm 厚度	m^2	＊＊＊＊＊＊	C20 素混凝土
	锚杆钻孔	m	＊＊＊＊＊＊	
	锚杆钢筋	t	＊＊＊＊＊＊	ϕ10 以上钢筋
	型钢腰梁	t	＊＊＊＊＊＊	可回收利用
	ϕ10 以上钢筋	t	＊＊＊＊＊＊	
	ϕ10 以下钢筋	t	＊＊＊＊＊＊	
基坑监测	水平位移	点	＊＊＊＊＊＊	监测时间及次数根据工程的具体情况确定
	沉降点	点	＊＊＊＊＊＊	
	内支撑应力监测	点	＊＊＊＊＊＊	
	测斜	孔	＊＊＊＊＊＊	
	水位监测	点	＊＊＊＊＊＊	
试桩及检测	灌注桩	根	＊＊＊＊＊＊	荷载＊＊＊kN
	水泥土搅拌桩，抽芯，无侧限抗压强度试验	根	＊＊＊＊＊＊	
	注浆，抽芯，无侧限抗压强度试验	点	＊＊＊＊＊＊	
	注浆，标贯	m	＊＊＊＊＊＊	
	喷射混凝土	点	＊＊＊＊＊＊	

表 2-11　钢筋混凝土地下连续墙基坑支护工程预算工程量计算表

对象	项目或费用名称	单位	数量	备注
导墙	导墙 C20 混凝土	m^3	＊＊＊	
	导墙土方开挖	m^3	＊＊＊	明确运距
	导墙模板	m^2	＊＊＊	两面立模
地下连续墙，厚度 1000mm	地下连续墙幅数	幅	＊＊＊	
	预埋声测管长度	m	＊＊＊	
	连续墙成槽及泥浆外运	m^3	＊＊＊	明确运距
	连续墙水下 C35、P8 钢筋混凝土浇注	m^3	＊＊＊	

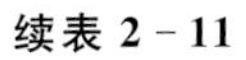

续表 2-11

对象	项目或费用名称	单位	数量	备注
地下连续墙，厚度1000mm	连续墙水下C35、P8钢筋混凝土浇注	m^3	* * *	
	H型钢接头	t	* * *	
	预埋钢板	t	* * *	
	接缝止水钢板	t	* * *	
	ϕ2000 MJS桩墙缝止水	m^3	* * *	
冠梁	C30混凝土	m^3	* * *	
	墙顶、桩顶泛浆凿除	m^3	* * *	
	冠梁模板	m^2	* * *	
压顶梁	C35混凝土	m^3	* * *	
	压顶梁模板	m^2	* * *	
混凝土支撑安装、拆除，钢支撑安装、拆除	C30混凝土	m^3	* * *	
	支撑模板	m^2	* * *	
	ϕ609×16，Q235钢管	t	* * *	
中间支承系统	立柱桩根数	根	* * *	
	ϕ1200钻孔桩，C30水下混凝土	m^3	* * *	
	成孔	m^3	* * *	
	空钻	m^3	* * *	
	钢格构柱，Q235	t	* * *	
钢筋连接器	钢筋连接器	个	* * *	
井点降水	ϕ600管井	口	* * *	明确井深和降水时间
挡土墙及其凿除	C30混凝土	m^3	* * *	
排水沟及其凿除	砖砌	m^3	* * *	
基底垫层	50mm厚细石混凝土保护层+150mm厚C20素混凝土垫层	m^3	* * *	

续表 2 - 11

<table>
<tr><th>对象</th><th>项目或费用名称</th><th>单位</th><th>数量</th><th>备注</th></tr>
<tr><td rowspan="10">监测</td><td>墙顶水平位移</td><td>孔</td><td colspan="2" rowspan="10">监测时间及次数根据工程的具体情况确定</td></tr>
<tr><td>墙顶沉降</td><td>只</td></tr>
<tr><td>墙体变形</td><td>只</td></tr>
<tr><td>钢支撑轴力</td><td>组</td></tr>
<tr><td>地下水位</td><td>孔</td></tr>
<tr><td>基坑回弹</td><td>孔</td></tr>
<tr><td>基坑周围地表沉降</td><td>只</td></tr>
<tr><td>建筑物倾斜监测孔</td><td>只</td></tr>
<tr><td>地下管线沉降位移监测孔</td><td>只</td></tr>
<tr><td>立柱桩竖向位移</td><td>只</td></tr>
</table>

第三章　软弱土地基处理工程

第一节　软弱土地基处理20年回顾及技术小结

20年来，武汉市政工程设计研究院设计并施工约130条道路，处理深层地基面积867万m^2，若道路宽度均以30m计算，则折算道路长度达289km，约相当于分别环绕武汉二环线、三环线及四环线各1圈，环绕武汉四环线2圈、环绕武汉三环线3圈、环绕武汉二环线6圈；深层地基处理面积约相当于1210个足球场。城市道路软弱土深层地基处理设计项目20年小结见表3-1。

城市道路软弱土深层地基处理设计与施工项目技术小结如下：

（1）道路深层软弱土地基处理设计应有道路平面图、道路纵断面图、道路横断面图、地形图、管线测量图、工程地质条件及周边环境等资料。

（2）采用的道路深层软弱土地基处理方法主要有真空-堆载联合预压、水泥土搅拌桩、钉形水泥土双向搅拌桩、水泥土双向搅拌桩、CFG桩（cement fly-ash gravel pile，水泥粉煤灰碎石桩）、LCG桩（low concrete groud，低标号素混凝土桩）、管桩、旋喷桩、灌注桩等。

（3）地基处理边线以外15m范围内分布有建（构）筑物及地下管线时，不宜采用真空-堆载联合预压法。高压线下等净空不足处，宜采用设备较小的旋喷桩。

（4）水泥土搅拌桩、水泥土双向搅拌桩、钉形水泥土双向搅拌桩及旋喷桩等水泥土类搅拌桩复合地基，可采用加权复合压缩模量法进行沉降计算。

（5）桩顶标高一般结合土路床顶标高和现状地面标高确定。高填方路段桩顶标高一般为现状地面标高，低填浅挖路段或挖方路段土路床顶标高位于现状地面附近及以下时，桩顶标高一般为土路床顶标高以下1.1～1.6m。

（6）对于沉降计算的附加应力，道路填方高度h小于等于3m时，可取70kPa；大于3m时，可取$(20h+10)$kPa。对于新近填土，一般作为附加应力考虑。

（7）单桩承载力计算时，桩土摩阻力及桩端承载力与桩土刚度比相关，桩体刚度越大，桩土摩阻力及桩端承载力越大。单桩承载力计算一般不考虑负摩阻力。

（8）地基处理桩体的密度或置换率可根据机动车道、非机动车道及绿化带等进行横向分区布置。

（9）对于水泥土类搅拌桩，一般不破除桩头，土工格栅宜设置一层，级配碎石垫层可为

30cm；对于 CFG 桩、LCG 桩、管桩、灌注桩等刚性桩类，需要设置托板时，应破除桩头并清理周边土体，土工格栅宜设置两层，级配碎石垫层可为 30～50cm。

（10）桩基检测一般可取相关规范规定区间的较低值。对于挡土墙、箱涵等建（构）筑物，需要检测单桩承载力；对于道路路基，水泥土类搅拌桩可不检测单桩承载力，刚性桩类需要检测单桩承载力。

（11）为保证道路边坡稳定性，道路边坡坡脚附近的桩体需要加密或采用格构式、满堂式；红线允许，可采用反压方式。高填方路基，应验算路基及反压边坡坡脚稳定性。

（12）对于水塘范围，一般先围堰、抽水、清淤，再回填土方和级配碎石至打桩平台标高。

（13）工程场地狭小或存在地下障碍物时，管桩可改为钻孔灌注桩。为节约造价，灌注桩顶部适量配筋保护桩头及连接桩顶托板，下部可采用素混凝土桩。

（14）对于新建污水、雨水等管涵，地基处理桩体宜避让或桩顶设置在管涵底以下约 50cm，应统筹考虑后期管涵开挖对桩体的不利影响。对于无法改迁的既有管涵可采用轻质土回填或桩板结构型式进行处理。

（15）强夯法一般用于松散堆积填土层。场地周边较空旷，具备施工条件时，碎石土、砂土、杂填土、素填土、低饱和度的粉土与黏性土等地基可考虑采用强夯法处理，对于软弱土可结合动力排水固结。

（16）处理与不处理以及不同地基处理方式的交接处，需采取有效衔接及过渡措施。

（17）管桩底部应采用掺膨胀剂混凝土灌芯，道路位于堤防影响范围内不宜采用刚性桩类。

表 3-1　城市道路软弱土深层地基处理设计项目 20 年小结（2004—2024 年）

序号	大致时间	项目地址	主要道路名称	大致面积/万 m^2	主要处理方式
1	2003—2005 年	南湖新城	机场三路、机场四路、武梁路、南湖新城路、丁字桥路、石牌岭路、出版城路	26	水泥土搅拌桩
2	2004—2009 年	四新片区	江城大道，四新大道，四新南路，四新北路，四新中路，连通港西路，芳草中路，芳草南三、四街，凤凰环湖路，墨水湖南路，梅子东、西路，梅子南一、二街，会展南一、二街，会展北一、二街，博览路	300	钉形水泥土双向搅拌桩、真空-堆载联合预压、管桩、水泥土搅拌桩、旋喷桩
3	2005—2007 年	黄家湖大学城片区	武咸辅路、丽水一路、丽水路、丽水南路	22	水泥土搅拌桩
4	2005—2008 年	三环线	盘龙立交、天兴洲大桥汉口接线匝道、鹦鹉立交、梅子立交、野芷立交	20	水泥土搅拌桩、CFG 桩

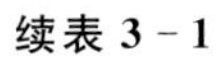
续表 3－1

序号	大致时间	项目地址	主要道路名称	大致面积/万 m²	主要处理方式
5	2009—2011 年	东本二厂片区	1 号路、2 号路、3 号路、4 号路、6 号路、7 号路、A 号路、B 号路、K 号路、南太子湖北路、连通港路	30	钉形水泥土双向搅拌桩，旋喷桩
6	2012—2018 年	四新片区	连通港路、总港路、四新中路、四新南北路延长线	60	管桩、钉形水泥土双向搅拌桩、双向搅拌桩
7	2014—2018 年	经济开发区、小军山片区	军山第二大道、川江池路、川江池二路、全力三路、汉洪高速西辅道二期	33	管桩、LCG 桩、钉形水泥土双向搅拌桩、旋喷桩
8	2015—2016 年	东湖风景区	东湖通道桥隧过渡地面、湖心岛道路	1.5	灌注桩、管桩
9	2016—2018 年	四新片区	江城大道改造、朱家新港路	2.0	管桩、钉形水泥土双向搅拌桩、旋喷桩
10	2017—2018 年	后湖片区	幸福街路	3.0	钉形水泥土双向搅拌桩
11	2017—2021 年	白沙洲、青菱片区	烽火路、夹套河路、青菱路、青菱南路、青菱西路、青菱河南路、青菱湖西路、滨河街、烽胜西路、新武金堤路、丽水东路、白沙五路、黄家湖大道、南郊路	100	管桩、钉形水泥土双向搅拌桩、双向搅拌桩、水泥土搅拌桩、旋喷桩
12	2017—2021 年	青山区	青江大道、绿色二路、青山北湖飞灰填埋场配套道路	3.5	水泥土搅拌桩、旋喷桩
13	2018—2019 年	三环线	野芷立交改造	2.0	管桩
14	2018—2021 年	汉阳通顺河片区	武汉智能网联测试场	66	管桩、CFG 桩、双向搅拌桩、旋喷桩
15	2018—2022 年	东西湖区	吴新干线、金山大道帮宽、兴工九路	52	管桩、双向搅拌桩、旋喷桩
16	2019—2022 年	长江新城片区	新区大道、游湖一路、游湖三路、滠水河东路、余山路、浦兴路	33	水泥土搅拌桩、钉形水泥土双向搅拌桩、管桩、旋喷桩
17	2021—2022 年	东湖高新技术开发区	四海街路	1.0	强夯法
小计			约 120 条道路	755.0	

续表 3-1

序号	大致时间	项目地址	主要道路名称	大致面积/万 m^2	主要处理方式
18	2008—2011 年	广州	番禺黄榄干线	30	水泥土搅拌桩、钉形水泥土双向搅拌桩、CFG 桩、管桩、旋喷桩
19	2009—2011 年	昆明	昆明市昌宏路	33.8	CFG 桩
20	2012—2015 年	仙桃	仙桃市前通路	16	水泥土搅拌桩
21	2012—2018 年	鄂州	吴楚大道	20	管桩、水泥土搅拌桩、旋喷桩
22	2014—2015 年	咸宁	咸宁站中大道	2.2	强夯法
23	2019—2022 年	广州	南沙新区明珠湾起步区市政道路	10	堆载预压、管桩、水泥土搅拌桩、旋喷桩
小计			约 10 条道路	112.0	

注：1～17 号项目所在地为武汉，18～23 号项目所在地为武汉外城市。

第二节　预应力管桩复合地基技术探讨

预应力管桩简称管桩，是道路地基处理的主要方法及技术之一。由于为刚性桩，管桩在进行软弱土地基处理时，往往需考虑负摩阻力问题以及是否适宜用复合地基模式，收集的与之相关的 12 部技术规范及标准如下：

中华人民共和国国家标准《复合地基技术规范》（GB/T 50783—2012）；

中华人民共和国国家标准《建筑地基基础设计规范》（GB 50007—2011）；

中华人民共和国行业标准《建筑地基处理技术规范》（J 220—2012）；

中华人民共和国行业标准《公路路基设计规范》（JTG D30—2015）；

中华人民共和国行业标准《建筑桩基技术规范》（JGJ 94—2008）；

中华人民共和国行业标准《铁路路基设计规范》（TB 10001—2016）；

中华人民共和国行业标准《铁路特殊路基设计规范》（TB 10035—2018）；

中华人民共和国行业标准《城市道路路基设计规范》（CJJ 194—2013）；

中华人民共和国行业推荐性标准《公路软土地基路堤设计与施工技术细则》（JTG/T D31-02—2013）；

湖北省地方标准《建筑地基基础技术规范》（DB42/242—2014）；

上海市地方标准《地基基础设计规范》（J11595—2010）；

广东省地方标准《公路路堤软基处理技术标准》（DB44/T2418—2023）。

通过探讨、归纳、总结这些技术规范及标准，得出以下结论或观点：

(1)管桩作为复合地基时，应是摩擦型桩。

(2)摩擦型管桩既可以作为复合地基使用，也可以作为桩基础使用。

(3)端承型桩只能作为桩基础使用，不能作为复合地基使用。

(4)管桩作为桩基础处理道路路基时，可采用桩板结构或桩网结构，此时桩、板、帽或筏均应满足相关计算及构造要求。

(5)管桩作为复合地基时，可采用桩网结构，此时桩帽为构造要求。

(6)管桩作为复合地基时，单桩承载力按照复合地基理论及公式计算。

(7)管桩作为桩基础时，按照桩基础理论计算。需要计算负摩擦力时，对于摩擦型桩，不计中性点以上负摩擦力；对于端承桩，需要计算中性点以上负摩擦力，即下拉荷载。

(8)管桩作为复合地基或采用桩基础桩网结构处理道路路基时，桩顶以上覆土厚度需满足形成土拱效应的最小厚度要求。

(9)减沉复合疏桩基础，即减沉桩的概念仅在《建筑桩基技术规范》(JGJ 94—2008)出现，道路路基设计时可不采用，可以比较计算沉降。

(10)有关沉降计算，规范有明确的相关规定，应参照执行。

(11)稳定性计算，规范有规定，但有争议，比较复杂，应进一步讨论。

(12)路基处理采用钢筋混凝土灌注桩时，相关理论、方法与上述管桩相同；路基处理采用低标号素混凝土桩时，可采用复合地基的相关理论、方法。

第三节 真空-堆载联合预压对周边环境的影响探讨

真空-堆载联合预压使真空-堆载联合预压加固范围内的土体向加固区域产生以收缩为主的变形，周围土体因侧向变形而产生张拉裂缝，其影响区域对于淤泥和淤泥质土等软弱土可达到25m以内范围。在10m范围内影响巨大，水平张拉裂缝可达到3～5cm，甚至10cm；在10～25m范围内影响较大，水平张拉裂缝随着距离的增大逐渐衰减；在25m范围以外则影响甚微。侧向变形主要为侧向位移和沉降，由于侧向变形可能会导致影响区域内的建(构)筑物产生侧向和竖向的不均匀位移和沉降，对不均匀位移和沉降较为敏感的建(构)筑物可能会产生裂纹、裂缝，甚至倾倒。

因此，对于真空-堆载联合预压密封沟边界外25m以内范围分布有建(构)筑物，不论是深基础还是浅基础，都不宜采用真空-堆载联合预压法进行地基处理。在影响区域设置搅拌桩、旋喷桩等隔离桩对建(构)筑物进行保护时，只能减缓不利影响，不能完全消除不利影响。

当真空-堆载联合预压密封沟边界外25m以内范围分布有待建的建(构)筑物时，应先尽快实施真空-堆载联合预压地基处理，然后进行建(构)筑物的建设。这样才能确保建设后的建(构)筑物不致由于真空-堆载联合预压地基处理而产生裂纹、裂缝，甚至倾倒。

根据四新地区梅子路和四新大道的施工经验，当运用真空-堆载联合预压对深厚淤泥和淤泥质土等软弱土进行地基处理时，在保证以下两个条件的前提下，真空-堆载联合预压稳定时间一般为6个月左右：

（1）真空-堆载联合预压稳定时间的起点为正式抽真空并稳定后，即正式加载后。

（2）正式抽真空，即正式加载后，应保证堆载在2个月内完成，确保真空-堆载联合预压4个月左右。

需要指出的是，真空-堆载联合预压稳定后，由于真空卸载后，加固区域的地基有回弹和再压缩过程，因此对开挖沟槽进行管道施工和路面施工而言，并没有达到稳定状态。真空卸载后，地基回弹和再压缩直至稳定，需要4～6个月的时间。真空卸载后，影响区域的地基没有明显的回弹和再压缩过程，地基回弹和再压缩直至稳定的时间目前没有研究资料和施工报道，难以确定，估计不会超过1个月。施工过程中可以利用监测手段进行监测、分析和确定。

第四节　城市道路及地面大变形及塌陷现象的原因探讨

城市道路及地面常常出现较大沉降、裂缝等大变形甚至塌陷现象，其原因众多、复杂，大致归纳如下：

（1）工程地质条件较差，存在较厚软弱土或松散回填土。在长期自重压力作用下及人类活动、车辆行驶等活荷载及其他荷载作用下，城市道路及城市地面逐渐出现沉降、裂缝等大变形甚至塌陷现象。

（2）管涵回填特别是检查井等构筑物附近回填相对不密实。回填不密实，类似上述软弱土或松散回填土现象。

（3）道路浅层换填时，下卧路基未压实，局部会有不均匀沉降，尤其是软土地区。

（4）地面道路结构层下方的路基回填质量不佳也可能引起塌陷问题。

（5）附近有施工或深井降水。某地面或道路下方或附近存在基坑开挖施工、顶管施工、盾构施工、拖拉或降水施工等，施工控制不佳，常常出现沉降、裂缝等大变形甚至塌陷现象。

（6）超载作用。对于城市道路，即使在道路回填、管涵施工等质量均很好的情况下，若存在超出设计或规范的超载作用，长期如此，也会出现沉降、裂缝等大变形甚至塌陷现象。

（7）雨水作用。雨水往往是一种城市道路及地面大变形及塌陷的加剧因素。

（8）地下管涵问题。管涵及检查井附近回填相对密实，但管道或箱涵的连接处出现开裂、错位，或者管道、箱涵等构筑物本身开裂、破坏，在不断的流水作用下，周边土体可能流失、松动、变形，甚至塌陷。

（9）岩溶。在岩溶地区，施工、降水等各种原因可能诱发岩溶地面塌陷现象。岩溶地面塌陷也常常导致城市道路及地面塌陷，危害很大，工程处理麻烦。

（10）钻孔。地质钻孔若遇到岩溶、土洞、空洞等，也会导致地面塌陷。

上述为各种单一原因，实际出现的城市道路及地面较大沉降、裂缝等大变形甚至塌陷现象往往是几种原因的组合叠加。

第五节　深层软弱土地基处理工程量数量表

堆载预压法地基处理工程预算工程量计算表、真空-堆载联合预压法地基处理工程预算工程量计算表、预应力管桩地基处理工程预算工程量计算、CFG桩或LCG桩地基处理工程预算工程量计算表、钉形水泥土双向搅拌桩地基处理工程预算工程量计算表、水泥土搅拌桩地基处理工程预算工程量计算表、单管旋喷桩地基处理工程预算工程量计算表如表3-2～表3-8所示。工程预算主要用于施工图设计阶段，表中的材料规格、尺寸等都是可以变化的。

表3-2　堆载预压法地基处理工程预算工程量计算表

<table>
<tr><th colspan="2">项目或费用名称</th><th>单位</th><th>数量</th><th colspan="2">备注</th></tr>
<tr><td colspan="2">深层地基处理总长度</td><td>m</td><td>* * * * * *</td><td colspan="2"></td></tr>
<tr><td colspan="2">深层地基处理总面积</td><td>m^2</td><td>* * * * * *</td><td colspan="2"></td></tr>
<tr><td colspan="2">塑料排水板10m</td><td>根</td><td>* * * * * *</td><td colspan="2"></td></tr>
<tr><td colspan="2">塑料排水板15m</td><td>根</td><td>* * * * * *</td><td colspan="2"></td></tr>
<tr><td colspan="2">塑料排水板20m</td><td>根</td><td>* * * * * *</td><td colspan="2"></td></tr>
<tr><td colspan="2">黏土护脚</td><td>m^3</td><td>* * * * * *</td><td colspan="2">外来土，压实土，明确运距</td></tr>
<tr><td colspan="2">袋装碎石护坡</td><td>m^3</td><td>* * * * * *</td><td colspan="2"></td></tr>
<tr><td colspan="2">无纺土工布</td><td>m^2</td><td>* * * * * *</td><td colspan="2"></td></tr>
<tr><td colspan="2">挖砂排水沟</td><td>m^3</td><td>* * * * * *</td><td colspan="2"></td></tr>
<tr><td colspan="2">清除地表杂填土、耕植土</td><td>m^3</td><td>* * * * * *</td><td colspan="2">弃方，明确运距</td></tr>
<tr><td colspan="2">清除淤泥</td><td>m^3</td><td>* * * * * *</td><td colspan="2">弃方，明确运距</td></tr>
<tr><td colspan="2">换填好土</td><td>m^3</td><td>* * * * * *</td><td colspan="2">外来土，压实土，明确运距</td></tr>
<tr><td colspan="2">道路沉降补方</td><td>m^3</td><td>* * * * * *</td><td colspan="2">外来土，压实土，明确运距</td></tr>
<tr><td colspan="2">挖除建(构)筑物基础</td><td>m^3</td><td>* * * * * *</td><td colspan="2">注明基础材料，如砖砌、混凝土等，弃方，明确运距</td></tr>
<tr><td colspan="2">围堰土方</td><td>m^3</td><td>* * * * * *</td><td colspan="2">外来土，压实土，明确运距</td></tr>
<tr><td colspan="2">抽水</td><td>m^3</td><td>* * * * * *</td><td colspan="2">道路沿线湖塘水</td></tr>
<tr><td colspan="2">清除淤泥</td><td>m^3</td><td>* * * * * *</td><td colspan="2">明确运距</td></tr>
<tr><td colspan="2">填筑湖塘土方</td><td>m^3</td><td>* * * * * *</td><td colspan="2">外来土，压实土，明确运距</td></tr>
<tr><td rowspan="3">观测(* * * 个断面)</td><td>地表沉降观测点</td><td>个</td><td>* * * * * *</td><td>每断面3个点</td><td rowspan="3">观测时间及次数根据工程的具体情况确定</td></tr>
<tr><td>边桩</td><td>个</td><td>* * * * * *</td><td>每断面2个点</td></tr>
<tr><td>孔隙水压力</td><td>点</td><td>* * * * * *</td><td>每断面3个点</td></tr>
<tr><td rowspan="2">检测</td><td>静力触探</td><td>点</td><td>* * * * * *</td><td colspan="2"></td></tr>
<tr><td>复合地基载荷试验(最大载荷 * * * kN)</td><td>点</td><td>* * * * * *</td><td colspan="2"></td></tr>
</table>

表 3-3 真空-堆载联合预压法地基处理工程预算工程量计算表

项目或费用名称	单位	数量	备注
深层地基处理总长度	m	＊＊＊＊＊＊	
深层地基处理总面积	m^2	＊＊＊＊＊＊	
清除表层淤泥、耕植土和杂填土	m^3	＊＊＊＊＊＊	弃方，明确运距
表层场平	m^3	＊＊＊＊＊＊	注明土源
沉降补方	m^3	＊＊＊＊＊＊	注明土源
挖方（密封沟）	m^3	＊＊＊＊＊＊	弃方，明确运距
密封沟回填淤泥	m^3	＊＊＊＊＊＊	
黏土护脚	m^3	＊＊＊＊＊＊	注明土源
挖方（排水沟）	m^3	＊＊＊＊＊＊	弃方，明确运距
排水	m^3	＊＊＊＊＊＊	估列排土方里的水
砂垫层回填	m^3	＊＊＊＊＊＊	
无纺土工布（$250g/m^2$）	m^2	＊＊＊＊＊＊	
ϕ75 滤管	m	＊＊＊＊＊＊	注明材质
ϕ50 滤管	m	＊＊＊＊＊＊	注明材质
真空膜	m^2	＊＊＊＊＊＊	
真空泵	台班	＊＊＊＊＊＊	注明运行时间及台班
塑料排水板 10m	根	＊＊＊＊＊＊	
塑料排水板 15m	根	＊＊＊＊＊＊	
塑料排水板 20m	根	＊＊＊＊＊＊	
M10 水泥砂浆砌 MU30 块石护坡	m^3	＊＊＊＊＊＊	30cm 厚
护坡勾缝	m^2	＊＊＊＊＊＊	平缝、凹缝
挖除建（构）筑物基础	m^3	＊＊＊＊＊＊	注明基础材料，如砖砌、混凝土等，弃方，明确运距
围堰土方	m^3	＊＊＊＊＊＊	外来土，压实土，明确运距
抽水	m^3	＊＊＊＊＊＊	道路沿线湖塘水
清除淤泥	m^3	＊＊＊＊＊＊	弃方，明确运距
填筑湖塘土方	m^3	＊＊＊＊＊＊	外来土，压实土，明确运距

续表 3-3

项目或费用名称		单位	数量	备注	
观测（* * * 个断面）	地表沉降观测点	个	* * * * * *	每断面3个点	观测时间及次数根据工程的具体情况确定
	边桩	个	* * * * * *	每断面2个点	
	排水板真空度	组	* * * * * *	每组10个点	
	膜下真空度	个	* * * * * *	每断面1个点	
	孔隙水压力	点	* * * * * *	每断面3个点	
检测	静力触探	点	* * * * * *		
	复合地基载荷试验（最大载荷 * * * kN）	点	* * * * * *		

表 3-4　预应力管桩地基处理工程预算工程量计算表

项目或费用名称	单位	数量	备注
深层地基处理总长度	m	* * * * * *	
深层地基处理总面积	m^2	* * * * * *	
预应力管桩，直径400mm	m	* * * * * *	不包括桩尖按设计桩长以延长米计算，注明施工方法及桩的型号，如静力压桩型号为PHC-A400(95)
预应力管桩，直径400mm	根	* * * * * *	注明每根桩设计长度
预应力管桩体积，直径400mm	m^3	* * * * * *	包括桩尖按桩长度乘以桩横断面面积，减去空心部分体积计算
预应力管桩托板	m^3	* * * * * *	C30钢筋混凝土
预应力管桩托板钢筋	t	* * * * * *	直径大于10mm
预应力管桩托板模板	m^2	* * * * * *	
接桩	根	* * * * * *	打桩或压桩定额包含了接桩，可不注明接桩个数
截断桩	根	* * * * * *	
送预应力管桩	m	* * * * * *	按延长米计算，送桩长度按设计桩顶标高至打桩平台标高计算
木塞（规格 * *）	块	* * * * * *	
掺膨胀剂混凝土	m^3	* * * * * *	标明混凝土强度等级
土工格栅	m^2	* * * * * *	注明单向、双向、三向

续表 3-4

<table>
<tr><th colspan="2">项目或费用名称</th><th>单位</th><th>数量</th><th colspan="2">备注</th></tr>
<tr><td colspan="2">桩顶褥垫层用级配碎石，最大粒径不大于 20mm</td><td>m^3</td><td>* * * * * *</td><td colspan="2"></td></tr>
<tr><td colspan="2">中粗砂(桥台和箱涵侧壁回填用，黏粒含量不应大于 3%)</td><td>m^3</td><td>* * * * * *</td><td colspan="2"></td></tr>
<tr><td colspan="2">清除地表杂填土、耕植土</td><td>m^3</td><td>* * * * * *</td><td colspan="2">弃方，明确运距</td></tr>
<tr><td colspan="2">清除淤泥</td><td>m^3</td><td>* * * * * *</td><td colspan="2">弃方，明确运距</td></tr>
<tr><td colspan="2">换填好土</td><td>m^3</td><td>* * * * * *</td><td colspan="2">外来土，压实土，明确运距</td></tr>
<tr><td colspan="2">块石挤淤</td><td>m^3</td><td>* * * * * *</td><td colspan="2"></td></tr>
<tr><td colspan="2">道路沉降补方</td><td>m^3</td><td>* * * * * *</td><td colspan="2"></td></tr>
<tr><td colspan="2">挖除建(构)筑物基础</td><td>m^3</td><td>* * * * * *</td><td colspan="2">注明基础材料，如砖砌、混凝土等，弃方，明确运距</td></tr>
<tr><td colspan="2">围堰土方</td><td>m^3</td><td>* * * * * *</td><td colspan="2">外来土，压实土，明确运距</td></tr>
<tr><td colspan="2">抽水</td><td>m^3</td><td>* * * * * *</td><td colspan="2">道路沿线湖塘水</td></tr>
<tr><td colspan="2">清除淤泥</td><td>m^3</td><td>* * * * * *</td><td colspan="2">弃方，明确运距</td></tr>
<tr><td colspan="2">填筑湖塘土方</td><td>m^3</td><td>* * * * * *</td><td colspan="2">外来土，压实土，明确运距</td></tr>
<tr><td rowspan="3">观测(* * * 个断面)</td><td>地表沉降观测点(每断面 4 个点)</td><td>个</td><td>* * * * * *</td><td></td><td rowspan="3">观测时间及次数根据工程的具体情况确定</td></tr>
<tr><td>边桩(每断面 6 个点，桥台 2 个)</td><td>根</td><td>* * * * * *</td><td></td></tr>
<tr><td>测斜管(每断面 2 根)</td><td>根</td><td>* * * * * *</td><td>注明每根长度</td></tr>
<tr><td rowspan="3">预应力管桩试桩和验收检测</td><td>单桩承载力特征值(最大载荷 * * * kN)</td><td>根</td><td>* * * * * *</td><td colspan="2"></td></tr>
<tr><td>单桩复合地基承载力特征值(最大载荷 * * * kN)</td><td>根</td><td>* * * * * *</td><td colspan="2"></td></tr>
<tr><td>桩身完整性检测(低应变法)</td><td>根</td><td>* * * * * *</td><td colspan="2"></td></tr>
</table>

表 3-5　CFG 桩或 LCG 桩地基处理工程预算工程量计算表

项目或费用名称	单位	数量	备注
深层地基处理总长度	m	* * * * * *	
深层地基处理总面积	m^2	* * * * * *	

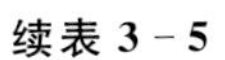

续表 3-5

<table>
<tr><th colspan="2">项目或费用名称</th><th>单位</th><th>数量</th><th colspan="2">备注</th></tr>
<tr><td colspan="2">CFG 桩</td><td>根</td><td>* * * * * *</td><td colspan="2">桩身混合料强度等级为 C15</td></tr>
<tr><td colspan="2">CFG 桩托板</td><td>m^3</td><td>* * * * * *</td><td colspan="2">C15 钢筋混凝土</td></tr>
<tr><td colspan="2">CFG 桩托板钢筋</td><td>t</td><td>* * * * * *</td><td colspan="2">直径大于 10mm</td></tr>
<tr><td colspan="2">CFG 桩托板模板</td><td>m^2</td><td>* * * * * *</td><td colspan="2"></td></tr>
<tr><td colspan="2">土工格栅</td><td>m^2</td><td>* * * * * *</td><td colspan="2">注明单向、双向、三向</td></tr>
<tr><td colspan="2">级配碎石</td><td>m^3</td><td>* * * * * *</td><td colspan="2">桩顶褥垫层用，最大粒径不大于 20mm</td></tr>
<tr><td colspan="2">中粗砂</td><td>m^3</td><td>* * * * * *</td><td colspan="2">桥台和箱涵侧壁回填用，黏粒含量不应大于 3%</td></tr>
<tr><td colspan="2">清除地表杂填土、耕植土</td><td>m^3</td><td>* * * * * *</td><td colspan="2">弃方，明确运距</td></tr>
<tr><td colspan="2">清除淤泥</td><td>m^3</td><td>* * * * * *</td><td colspan="2">弃方，明确运距</td></tr>
<tr><td colspan="2">换填好土</td><td>m^3</td><td>* * * * * *</td><td colspan="2">外来土，压实土，明确运距</td></tr>
<tr><td colspan="2">块石挤淤</td><td>m^3</td><td>* * * * * *</td><td colspan="2"></td></tr>
<tr><td colspan="2">道路沉降补方</td><td>m^3</td><td>* * * * * *</td><td colspan="2">外来土，压实土，明确运距</td></tr>
<tr><td colspan="2">挖除建(构)筑物基础</td><td>m^3</td><td>* * * * * *</td><td colspan="2">注明基础材料，如砖砌、混凝土等，弃方，明确运距</td></tr>
<tr><td colspan="2">围堰土方</td><td>m^3</td><td>* * * * * *</td><td colspan="2">外来土，压实土，明确运距</td></tr>
<tr><td colspan="2">抽水</td><td>m^3</td><td>* * * * * *</td><td colspan="2">道路沿线湖塘水</td></tr>
<tr><td colspan="2">清除淤泥</td><td>m^3</td><td>* * * * * *</td><td colspan="2">弃方，明确运距</td></tr>
<tr><td colspan="2">填筑湖塘土方</td><td>m^3</td><td>* * * * * *</td><td colspan="2">外来土，压实土，明确运距</td></tr>
<tr><td rowspan="3">观测(* * * 个断面)</td><td>地表沉降观测点(每断面 4 个点)</td><td>个</td><td>* * * * * *</td><td></td><td rowspan="3">观测时间及次数根据工程的具体情况确定</td></tr>
<tr><td>边桩(每断面 6 个点，桥台 2 个)</td><td>根</td><td>* * * * * *</td><td></td></tr>
<tr><td>测斜管(每断面 2 根)</td><td>根</td><td>* * * * * *</td><td>注明每根长度</td></tr>
<tr><td rowspan="3">CFG 桩试桩和验收检测</td><td>单桩承载力特征值(最大载荷 * * * kN)</td><td>根</td><td>* * * * * *</td><td colspan="2"></td></tr>
<tr><td>单桩复合地基承载力特征值(最大载荷 * * * kN)</td><td>根</td><td>* * * * * *</td><td colspan="2"></td></tr>
<tr><td>桩身完整性检测(低应变法)</td><td>根</td><td>* * * * * *</td><td colspan="2"></td></tr>
</table>

表3-6　钉形水泥土双向搅拌桩地基处理工程预算工程量计算表

<table>
<tr><th colspan="2">项目或费用名称</th><th>单位</th><th>数量</th><th colspan="2">备注</th></tr>
<tr><td colspan="2">深层地基处理总长度</td><td>m</td><td>* * * * * *</td><td colspan="2"></td></tr>
<tr><td colspan="2">深层地基处理总面积</td><td>m^2</td><td>* * * * * *</td><td colspan="2"></td></tr>
<tr><td colspan="2">钉形水泥土双向搅拌桩(直径600mm,扩大头1000mm)</td><td>m^3</td><td>* * * * * *</td><td colspan="2">水泥掺量为280kg/m^3,水泥强度等级为42.5MPa</td></tr>
<tr><td colspan="2">钉形水泥土双向搅拌桩</td><td>m</td><td>* * * * * *</td><td colspan="2"></td></tr>
<tr><td colspan="2">钉形水泥土双向搅拌桩</td><td>根</td><td>* * * * * *</td><td colspan="2">注明每根桩设计长度</td></tr>
<tr><td colspan="2">土工格栅</td><td>m^2</td><td>* * * * * *</td><td colspan="2">注明单向、双向、三向</td></tr>
<tr><td colspan="2">级配碎石(桩顶褥垫层用,最大粒径不大于20mm)</td><td>m^3</td><td>* * * * * *</td><td colspan="2">如不是用于路基上,要注明部位,如桥台</td></tr>
<tr><td colspan="2">中粗砂(桥台和箱涵侧壁回填用,黏粒含量不应大于3%)</td><td>m^3</td><td>* * * * * *</td><td colspan="2">如不是用于路基上,要注明部位,如桥台</td></tr>
<tr><td colspan="2">清除地表杂填土、耕植土</td><td>m^3</td><td>* * * * * *</td><td colspan="2">弃方,明确运距</td></tr>
<tr><td colspan="2">清除淤泥</td><td>m^3</td><td>* * * * * *</td><td colspan="2">弃方,明确运距</td></tr>
<tr><td colspan="2">换填好土</td><td>m^3</td><td>* * * * * *</td><td colspan="2">外来土,压实土,明确运距</td></tr>
<tr><td colspan="2">块石挤淤</td><td>m^3</td><td>* * * * * *</td><td colspan="2">必要时提出清除淤泥的量,可按块石体积1/3计算</td></tr>
<tr><td colspan="2">道路沉降补方</td><td>m^3</td><td>* * * * * *</td><td colspan="2">外来土,压实土,明确运距</td></tr>
<tr><td colspan="2">挖除建(构)筑物基础</td><td>m^3</td><td>* * * * * *</td><td colspan="2">注明基础材料,如砖砌、混凝土等,弃运,明确运距</td></tr>
<tr><td colspan="2">围堰土方</td><td>m^3</td><td>* * * * * *</td><td colspan="2">外来土,压实土,明确运距</td></tr>
<tr><td colspan="2">抽水</td><td>m^3</td><td>* * * * * *</td><td colspan="2">道路沿线湖塘水</td></tr>
<tr><td colspan="2">清除淤泥</td><td>m^3</td><td>* * * * * *</td><td colspan="2">弃方,明确运距</td></tr>
<tr><td colspan="2">填筑湖塘土方</td><td>m^3</td><td>* * * * * *</td><td colspan="2">外来土,压实土,明确运距</td></tr>
<tr><td rowspan="3">观测(* * *个断面)</td><td>地表沉降观测点(每断面4个点)</td><td>个</td><td>* * * * * *</td><td></td><td rowspan="3">时间及次数根据工程的具体情况确定</td></tr>
<tr><td>边桩(每断面6个点,桥台2个)</td><td>根</td><td>* * * * * *</td><td></td></tr>
<tr><td>测斜管(每断面2根)</td><td>根</td><td>* * * * * *</td><td>注明每根长度</td></tr>
<tr><td rowspan="4">钉形水泥土双向搅拌桩试桩和验收检测</td><td>单桩复合地基承载力特征值(最大载荷* * * kN)</td><td>根</td><td>* * * * * *</td><td colspan="2"></td></tr>
<tr><td>抽芯进尺</td><td>根</td><td>* * * * * *</td><td colspan="2">每根18m,6个试块左右</td></tr>
<tr><td>标贯试验</td><td>m</td><td>* * * * * *</td><td colspan="2"></td></tr>
<tr><td>室内无侧限抗压强度试验</td><td>个</td><td>* * * * * *</td><td colspan="2"></td></tr>
</table>

表 3-7 水泥土搅拌桩地基处理工程预算工程量计算表

<table>
<tr><th colspan="2">项目或费用名称</th><th>单位</th><th>数量</th><th colspan="2">备注</th></tr>
<tr><td colspan="2">深层地基处理总长度</td><td>m</td><td>******</td><td colspan="2"></td></tr>
<tr><td colspan="2">深层地基处理总面积</td><td>m^2</td><td>******</td><td colspan="2"></td></tr>
<tr><td colspan="2">水泥土搅拌桩（水泥掺量为 280kg/m^3，直径 500mm，水泥强度等级为 42.5MPa</td><td>m</td><td>******</td><td colspan="2"></td></tr>
<tr><td colspan="2">水泥土搅拌桩（水泥掺量为 280kg/m^3）</td><td>根</td><td>******</td><td colspan="2"></td></tr>
<tr><td colspan="2">土工格栅</td><td>m^2</td><td>******</td><td colspan="2">注明单向、双向、三向</td></tr>
<tr><td colspan="2">级配碎石（桩顶褥垫层用，最大粒径不大于 20mm）</td><td>m^3</td><td>******</td><td colspan="2"></td></tr>
<tr><td colspan="2">清除地表杂填土、耕植土</td><td>m^3</td><td>******</td><td colspan="2">弃方，明确运距</td></tr>
<tr><td colspan="2">清除淤泥</td><td>m^3</td><td>******</td><td colspan="2">弃方，明确运距</td></tr>
<tr><td colspan="2">换填好土</td><td>m^3</td><td>******</td><td colspan="2">外来土，压实土，明确运距</td></tr>
<tr><td colspan="2">块石挤淤</td><td>m^3</td><td>******</td><td colspan="2">必要时提出清除淤泥的量，可按块石体积 1/3 计算</td></tr>
<tr><td colspan="2">道路沉降补方</td><td>m^3</td><td>******</td><td colspan="2">外来土，压实土，明确运距</td></tr>
<tr><td colspan="2">挖除建（构）筑物基础</td><td>m^3</td><td>******</td><td colspan="2">注明基础材料，如砖砌、混凝土等，弃方，明确运距</td></tr>
<tr><td colspan="2">围堰土方</td><td>m^3</td><td>******</td><td colspan="2">外来土，压实土，明确运距</td></tr>
<tr><td colspan="2">抽水</td><td>m^3</td><td>******</td><td colspan="2">道路沿线湖塘水</td></tr>
<tr><td colspan="2">清除淤泥</td><td>m^3</td><td>******</td><td colspan="2">弃方，明确运距</td></tr>
<tr><td colspan="2">填筑湖塘土方</td><td>m^3</td><td>******</td><td colspan="2">外来土，压实土，明确运距</td></tr>
<tr><td rowspan="3">观测（***个断面）</td><td>地表沉降观测点（每断面 4 个点）</td><td>个</td><td>******</td><td></td><td rowspan="3">观测时间及次数根据工程的具体情况确定</td></tr>
<tr><td>边桩（每断面 6 个点，桥台 2 个）</td><td>根</td><td>******</td><td></td></tr>
<tr><td>测斜管（每断面 2 根）</td><td>根</td><td>******</td><td>注明每根长度</td></tr>
<tr><td rowspan="3">水泥土搅拌桩试桩和验收检测</td><td>单桩复合地基承载力特征值（最大载荷*** kN）</td><td>根</td><td>******</td><td colspan="2"></td></tr>
<tr><td>抽芯进尺（***根）</td><td>m</td><td>******</td><td colspan="2"></td></tr>
<tr><td>室内无侧限抗压强度试验</td><td>个</td><td>******</td><td colspan="2"></td></tr>
</table>

表 3-8　单管旋喷桩地基处理工程预算工程量计算表

<table>
<tr><th colspan="2">项目或费用名称</th><th>单位</th><th>数量</th><th colspan="2">备注</th></tr>
<tr><td colspan="2">深层地基处理总长度</td><td>m</td><td>* * * * * *</td><td colspan="2"></td></tr>
<tr><td colspan="2">深层地基处理总面积</td><td>m^2</td><td>* * * * * *</td><td colspan="2"></td></tr>
<tr><td colspan="2">单管旋喷桩（直径 600mm）</td><td>m</td><td>* * * * * *</td><td colspan="2">水泥掺量为 $630kg/m^3$，水泥强度等级为 42.5MPa</td></tr>
<tr><td colspan="2">单管旋喷桩（水泥掺量为 $630kg/m^3$，直径 600mm）</td><td>根</td><td>* * * * * *</td><td colspan="2"></td></tr>
<tr><td colspan="2">土工格栅</td><td>m^2</td><td>* * * * * *</td><td colspan="2">注明单向、双向、三向</td></tr>
<tr><td colspan="2">级配碎石（桩顶褥垫层用，最大粒径不大于 20mm）</td><td>m^3</td><td>* * * * * *</td><td colspan="2"></td></tr>
<tr><td colspan="2">中粗砂（桥台和箱涵侧壁回填用，黏粒含量不应大于 3%）</td><td>m^3</td><td>* * * * * *</td><td colspan="2"></td></tr>
<tr><td colspan="2">清除地表杂填土、耕植土</td><td>m^3</td><td>* * * * * *</td><td colspan="2">弃方，明确运距</td></tr>
<tr><td colspan="2">清除淤泥</td><td>m^3</td><td>* * * * * *</td><td colspan="2">弃方，明确运距</td></tr>
<tr><td colspan="2">换填好土</td><td>m^3</td><td>* * * * * *</td><td colspan="2">外来土，压实土，明确运距</td></tr>
<tr><td colspan="2">块石挤淤</td><td>m^3</td><td>* * * * * *</td><td colspan="2"></td></tr>
<tr><td colspan="2">道路沉降补方</td><td>m^3</td><td>* * * * * *</td><td colspan="2">外来土，压实土，明确运距</td></tr>
<tr><td colspan="2">挖除建（构）筑物基础</td><td>m^3</td><td>* * * * * *</td><td colspan="2">注明基础材料，如砖砌、混凝土等，弃方，明确运距</td></tr>
<tr><td colspan="2">围堰土方</td><td>m^3</td><td>* * * * * *</td><td colspan="2">外来土，压实土，明确运距</td></tr>
<tr><td colspan="2">抽水</td><td>m^3</td><td>* * * * * *</td><td colspan="2">道路沿线湖塘水</td></tr>
<tr><td colspan="2">清除淤泥</td><td>m^3</td><td>* * * * * *</td><td colspan="2">弃方，明确运距</td></tr>
<tr><td colspan="2">填筑湖塘土方</td><td>m^3</td><td>* * * * * *</td><td colspan="2">外来土，压实土，明确运距</td></tr>
<tr><td rowspan="3">观测（* * * 个断面）</td><td>地表沉降观测点（每断面 4 个点）</td><td>个</td><td>* * * * * *</td><td></td><td rowspan="3">观测时间及次数根据工程的具体情况确定</td></tr>
<tr><td>边桩（每断面 6 个点，桥台 2 个）</td><td>根</td><td>* * * * * *</td><td></td></tr>
<tr><td>测斜管（每断面 2 根）</td><td>根</td><td>* * * * * *</td><td>注明每根长度</td></tr>
<tr><td rowspan="3">旋喷桩试桩和验收检测</td><td>单桩复合地基承载力特征值（最大载荷 * * * kN）</td><td>根</td><td>* * * * * *</td><td colspan="2"></td></tr>
<tr><td>抽芯进尺（* * * 根）</td><td>m</td><td>* * * * * *</td><td colspan="2"></td></tr>
<tr><td>室内无侧限抗压强度试验</td><td>个</td><td>* * * * * *</td><td colspan="2"></td></tr>
</table>

第四章　边坡治理工程

第一节　城市明渠边坡治理20年回顾及技术小结

城市渠道是城市水利工程的重要组成部分，城市渠道建设不仅有利于排渍、防涝及防洪，也有利于提升城市水系的生态系统、改善湖泊的水质环境，同时也可美化城市，使城市更宜居。20年来，武汉市政工程设计研究院在武汉设计了多条渠道，这些渠道目前均已建设完成，并投入使用。武汉城市明渠设计项目20年小结见表4-1。

表4-1　武汉城市明渠设计项目20年小结(2004—2024年)

序号	渠道大致名称	建设时间	大致长度/m	大致深度/m	大致渠底宽度/m
1	黄孝河明渠	2007—2008年	2600	5～7	20～30
2	机场河明渠	2007—2008年	3300	5～7	10～20
3	幸福二路明渠	2007—2008年	2000	4～6	10～20
4	上太子溪	2008—2009年	3000	4～6	20～40
5	下太子溪	2009—2010年	3000	4～6	20～40
6	沌口连通港	2010—2011年	2000	4～5	20～30
7	汉阳火焰沟	2011—2012年	2600	4～6	20～40
8	汉阳连通港	2013—2015年	3900	4～5	20～30
9	汉阳总港	2013—2015年	5500	4～5	20～40
10	车场北路明渠	2013—2015年	2000	4～5	15～30
11	罗家港	2013—2016年	6000	4～6	20～30
12	沙湖港	2013—2016年	6500	4～5	20～30
13	汉洪共建明渠	2013—2017年	2700	5～6	10～15
14	东西湖明渠	2014—2016年	3600	4～5	10～15
15	塔子湖明渠	2014—2017年	1200	4～5	10～15
16	蔬干沟明渠	2015—2017年	3200	6～7	30～40

续表 4-1

序号	渠道大致名称	建设时间	大致长度/m	大致深度/m	大致渠底宽度/m
17	琴断口明渠	2016—2017年	2100	6～8	30～50
18	三环线—汤逊湖明渠	2016—2017年	590	4～5	10～15
19	南湖连通渠	2016—2018年	3000	4～6	25～30
20	汉洪东、西明渠	2017—2018年	1300	4～6	20～30
21	川江池路明渠	2017—2018年	1000	5～6	12～15
22	三金潭明渠	2017—2018年	1000	4～5	10～15
23	丽水明渠	2017—2018年	1180	4～5	10～15
24	巡司河明渠	2017—2018年	5100	6～8	30～50
25	焦沙二路明渠	2017—2018年	2500	4～6	15～20
26	打鼓渡明渠	2017—2018年	2500	4～5	20～30
27	龙口、龙新明渠	2017—2018年	2000	4～5	10～20
28	朱家新港	2017—2018年	3900	4～5	10～20
29	汤野渠	2017—2018年	1100	4～5	20～30
30	金潭明渠	2017—2019年	1000	4～5	10～15
31	北湖闸明渠	2017—2019年	3000	4～6	20～30
32	青菱河明渠	2018—2019年	1700	5～8	30～50

武汉城市渠道治理约20万延米，设计关键技术一般可分为以下四大类：

（1）浅层基础换填。此方法一般适用于梯形断面，对于填方明渠，可在渠底及土方基础范围全断面换填；对于挖方明渠，可在渠底进行全断面或局部换填。无论如何换填，其横向范围及竖向厚度主要根据工程地质条件确定。换填材料可采用级配符合要求的中粗砂、砂石料、碎石、块石等。

（2）纯桩体支护。此方法一般适用于工程地质条件相对较好但边坡稳定性仍满足不了设计及规范要求的区域，既可适用于梯形断面，也可适用于矩形断面，对于梯形断面，支护体前的边坡土体可以自稳。支护体可采用灌注桩、管桩、钢板桩、木桩等桩体，这些桩体的类型选取、长度及其间距一般根据场地条件、周边环境及工期等因素确定。

（3）纯水泥土类搅拌桩加固。此方法一般适用于工程地质条件相对较差的区域，多数适用于梯形断面，一般不适用于矩形断面。水泥土类搅拌桩可采用双向水泥土搅拌桩、单轴水泥土搅拌桩、双轴水泥土搅拌桩、三轴水泥土搅拌桩、单管旋喷桩、双管旋喷桩及三管旋喷桩等桩体。根据软弱土的深度及横向等空间分布，加固体的布置形式可呈台阶形或矩形。明渠宽度较窄时可全断面进行加固。软弱土厚度较大时，一般采用台阶形，软弱土厚度不太大时，一般采用矩形。加固后，临水坡面采用护脚体及护面体进行加强。

无论是古代，还是当代，都要求我们孜孜不倦、日新其德。多年来，岩土设计紧跟时代，与时俱进，向新而行，不断创新。

创新是指以特别的思维模式、思考方法提出有别于现有的常规见解，利用现有的知识、技能和物质，在特定的环境中改进、改善或创造新的事物，包括但不限于各种产品、方法、元素、路径、环境等，并能获得一定效益的行为。矛盾是创新的核心，问题是创新的导向，高效调和矛盾并解决问题是创新的本质。

创新主要有三大特征：

第一，创新意味着改变，所谓革故鼎新、推陈出新、焕然一新，创新首先突出“新”。

第二，创新需要付出，既然有创新，就有选择、排斥、替代或否定，没有外力是不可能有改变的，这个外力主要是创新者的付出和努力。

第三，创新有风险，新事物的存在、利用与发展往往需要论证、调试、试错、验证，这些过程都是有较大风险的。

创新具有时空性特点。在同一地方、领域或场景，首先使用或利用某一方法、技术或产品，可谓是创新，这是时间效应；在不同的地方或场景采用同一方法、技术或产品，也可谓是创新，这是空间效应。

本书根据创新的时空性特点，在20年回顾中，按照时间顺序介绍主要创新设计与关键技术，同一技术可能出现两次及以上，主要是根据空间特征，即技术采用的地域差异（表5－1）。

表5－1　创新设计与关键技术20年回顾

创新时间	创新领域、创新设计与关键技术
2005年	武汉市政工程领域率先使用拉森桩基坑支护技术
2005年	武汉市政工程领域率先使用SMW水泥土搅拌墙内插型钢基坑支护技术
2005年	武汉市政工程领域首次使用吹填场平技术
2006年	武汉市政工程领域首次使用高性能水泥土桩内插型钢基坑支护技术
2007年	武汉市政工程领域率先使用CFG桩地基处理技术
2008年	湖北地区首次使用钉形水泥土双向搅拌桩地基处理技术
2009年	广东地区首次使用钉形水泥土双向搅拌桩地基处理技术
2010年	昆明地区首次使用SMW水泥土搅拌墙内插型钢加锚索基坑支护技术
2013年	湖北地区首次使用湖中围堰开孔拉森桩技术
2014年	湖北地区首次使用低净空桥下沉箱及支护技术
2016年	武汉市政工程领域首次使用CSM搅拌桩基坑止水帷幕技术
2017年	宜昌地区市政工程领域首次使用CSM水泥土搅拌墙内插型钢基坑支护技术
2017年	荆门地区市政工程领域首次使用预成孔微型桩基坑支护技术
2018年	武汉地区首次使用MJS搅拌桩地基加固处理技术

续表 5-1

创新时间	创新领域、创新设计与关键技术
2018 年	襄阳地区市政工程领域首次使用 SMW 水泥土搅拌墙内插型钢基坑支护技术、CSM 水泥土搅拌墙基坑止水帷幕技术、钻孔后注浆地下连续墙基坑止水帷幕技术
2019 年	武汉市政工程领域首次使用排水预制桩地基处理技术
2020 年	湖北地区首次使用灌注桩结合暗撑明渠边坡加固技术
2020 年	湖北地区首次使用 SMW 水泥土搅拌墙内插型钢沉井帷幕及支护技术
2021 年	襄阳地区市政工程领域首次使用钻孔后注浆地下连续墙内插型钢基坑支护技术
2022 年	武汉市政工程领域首次使用静压拉森钢板桩结合钢筋混凝土冠梁基坑支护技术

1. 2005 年武汉市政工程领域率先使用拉森桩基坑支护技术

对于管涵基坑，通常是根据基坑周边环境和工程地质条件选择不同的支护方法。当周边环境开阔且工程地质条件较好时，一般采用大开挖方式。因提倡环保、重视土地资源的保护和合理开发及有效利用，在众多管涵沟槽基坑中由于红线限制通常不允许采用大开挖方式。对于市政管涵沟槽基坑，特别是污水管道基坑，由于其埋深通常达到 5.0m 以上且周边环境复杂，能够采用大开挖方式的机会更少。因此，管涵沟槽基坑在更多情况下采用钢板桩等支护方式施工。

如图 5-1～图 5-5 所示，基坑宽度 B 通常为 3.0～6.0m，基坑深度 H 通常为 3.0～7.0m，内支撑的间距 D 通常为 3.0～5.0m。

市场上槽钢一般采用反铲进行施工，因此施工长度最长一般只有 8.0m；拉森钢板桩由于刚度较大，需要采用高频振动锤或静压设备进行压入，因此施工长度可达到 18.0m，国内最长甚至可达到 27.0m。

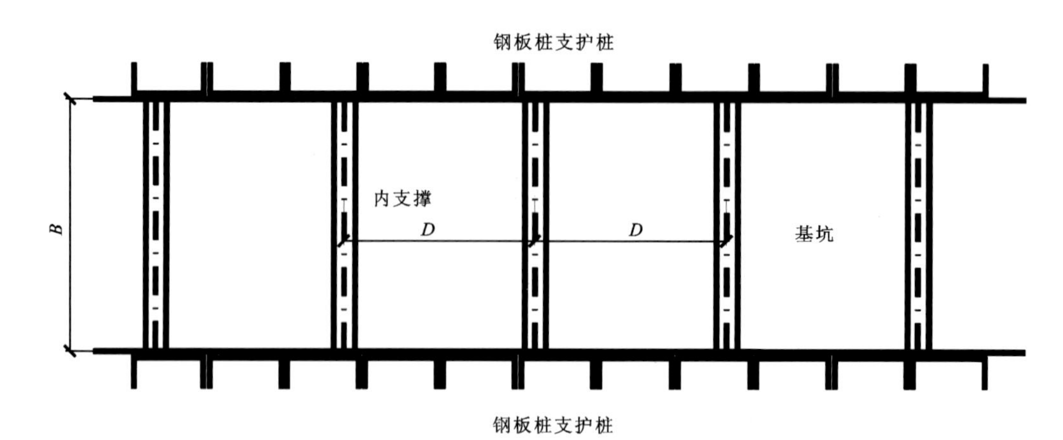

图 5-1　钢板桩基坑支护平面图

图 5－2　普通槽钢支护桩

图 5－3　拉森钢板桩支护桩

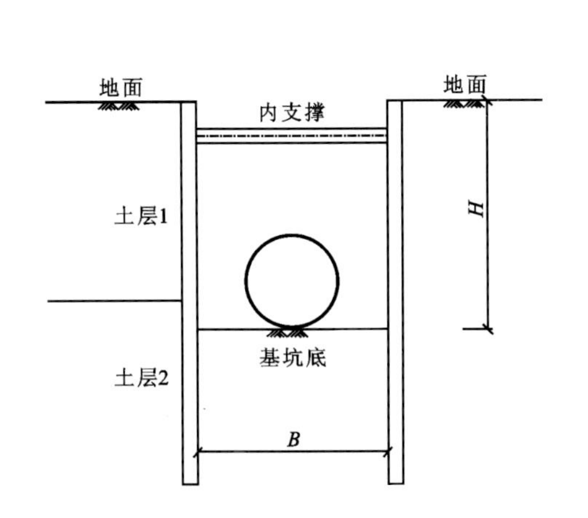

图 5－4　基坑支护横断面图(一)

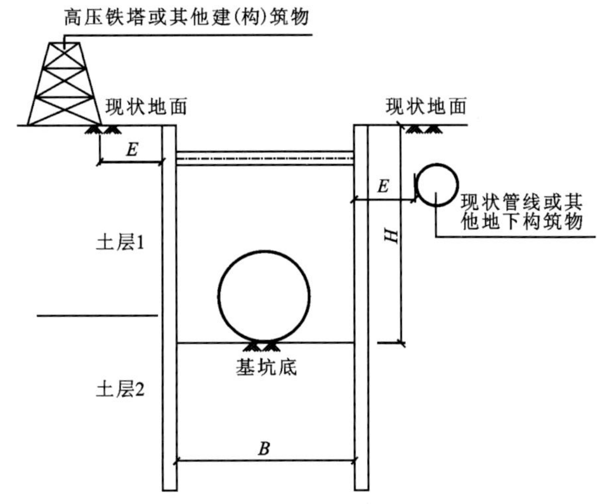

图 5－5　基坑支护横断面图(二)

如图 5－4 所示，当基坑深度 H 不大于 4.0m，E 大于 10m，即周边 10m 范围内无高压铁塔或其他建(构)筑物以及现状管线或其他地下构筑物，工程地质条件适宜，即土层 1 和土层 2 都相对较为软弱，其地基承载力特征值不超过 130kPa 时，一般可采用相对经济的槽钢钢板桩＋内支撑的支护方式。

但在很多情况下，如图 5－5 所示，土层 1 和土层 2 不为软弱土，两者或两者之一为老黏土、碎石土或岩石等坚硬土，此时由于普通槽钢不能依靠反铲设备穿透，因此不能采用普通槽钢进行沟槽支护。

如果基坑周边分布有高压铁塔或其他建(构)筑物以及现状管线或其他地下构筑物，需要严格控制变形时，由于普通槽钢抗变形能力很差也不宜采用。

当基坑深度超过 4.0m，由于土压力很大，桩体弯矩很大，且槽钢长度有限，采用普通槽钢支护风险很大。

以上 3 种状况，采用拉森钢板桩可以轻松解决问题，因为拉森钢板桩可以依靠振动或静压机械穿透老黏土、碎石土等坚硬土，由于刚度很大，它的抗变形能力很强，可以有效保护基坑周边分布的高压铁塔或其他建(构)筑物以及现状管线或其他地下构筑物，并且由于它的长度可达到 18.0m，基坑支护深度可达到 8.0m 左右。同时，由于拉森钢板桩的截面刚度比普通槽钢大很多倍，因此对于同样环境同样深度的基坑，采用拉森钢板桩支护需要设置的内支撑比槽钢要少，有利于基坑效率的提高。

2005年，随着武汉城市道路排水等基础设施建设的逐步提速，管涵沟槽基坑越来越深，周边环境越来越复杂，武汉市政工程领域率先使用了拉森钢板桩基坑支护技术，随后得到了广泛使用。

对于土层较为坚硬，拉森钢板桩进入较为困难时，可采用以下方式予以解决：

(1)采用静压设备。众多工程实践证明，静压设备可使拉森钢板桩进入硬塑状老黏土9m以上。

(2)拉森钢板桩表面涂减摩剂，端部加工成锥形。

(3)调整设备功率。

(4)钻机预引孔。众多工程实践证明，采用振动设备并结合钻机预引孔方式可使拉森钢板桩进入硬塑状老黏土9m以上。

(5)基坑周边环境较为宽松、条件具备且土层条件很好时，可先开挖1～2m，再打设拉森钢板桩。

2. 2005年武汉市政工程领域率先使用SMW水泥土搅拌墙内插型钢基坑支护技术

2005年，武昌友谊大道地下通道启动建设，通道基坑为长带形，长度约1000m，位于武汉长江一级阶地，工程地质条件及环境条件均较复杂。为保证基坑及环境安全，工程采用了SMW工法水泥土搅拌墙内插型钢支护技术。该支护体系施工速度快，基坑支挡和侧壁止水效果好，型钢可回收利用。当时该技术在武汉尚没有使用先例，为新型支护技术。工程实践表明，该技术结合深井降水是一种可靠、安全、较为经济的基坑支护方法（图5-6）。

图5-6　SMW水泥土搅拌墙内插型钢基坑开挖现场

3. 2005年武汉市政工程领域首次使用吹填场平技术

2004年，武汉四新地区综合开发启动。四新地区位于汉阳区，是武汉新区的重要组成部分，该区地势低洼，多为鱼塘和耕地，包括部分居民区，地面高程多在17.00m左右。根据四新地区路网规划，该区域路网高程在21.0m左右，因此需要对四新地区进行场平填筑。

2005年，在武汉市政工程领域首次使用吹填场平技术对某地块进行了场平设计与施工。该地块位于四新南路以南，三环线以北，梅子路以西，四新中路以东，总面积约为73.2ha。工程节约投资约2200万元，保护了较为紧缺的土地资源约210万m^3，同时避免了因开挖土方而对自然环境造成破坏，并对长江航道进行了疏浚，得到了社会的好评（图5-7、图5-8）。

图 5－7　现场吹填

图 5－8　吹填后场平

4. 2006 年武汉市政工程领域首次使用高性能水泥土桩内插型钢基坑支护技术

传统的水泥土桩，如浆喷桩、粉喷桩、高压旋喷桩均是在孔内原位搅拌。由于各土层的强度、厚度和含水量不同，孔内搅拌的水泥土必然会出现沿水泥土桩竖向分布不均匀的情况，桩身容易出现“千层饼”和“鸡蛋芯”的质量通病。这些问题既给型钢的插入带来很大的困难，也难以使桩体有止水作用。

高性能水泥土桩内插型钢支护技术可以很好地克服上述问题。高性能水泥土桩是在孔外制备水泥土浆，高性能水泥土浆是桩体的主材。在成桩的过程中采用膨润土泥浆护壁，成桩深度到位后利用注浆设备注入高性能水泥土浆至桩体内全部盛满高性能水泥土浆。水泥土浆凝固后就成为连续的、强度均匀一致的桩体；在桩体初凝前，插入型钢，形成高性能水泥土桩内插型钢支护体。由于是在孔外搅拌、制备水泥土浆，水泥土浆和易性均匀良好，便于型钢插入。同时，水泥土浆凝固后形成的桩体连续、强度均匀一致，因此设置连续的桩体在基坑侧面可以形成良好的止水帷幕。

彭刘杨路泵站基坑采用高性能水泥土搅拌桩内插型钢＋1～2 道钢筋混凝土及钢管内支撑支护技术，效果很好。

5. 2007 年武汉市政工程领域率先使用 CFG 桩地基处理技术

CFG 桩的全称是水泥粉煤灰碎石桩，指由碎石、石屑、粉煤灰掺水泥加水拌和，用各种成桩机械制成的具有一定强度的可变强度桩。2007 年前后，市场存在大量价格比中粗砂便宜的粉煤灰，为了充分利用粉煤灰，做到节能环保，粉煤灰代替中粗砂与碎石、石屑、水泥拌和形成水泥粉煤灰碎石桩，简称 CFG 桩。后来，随着粉煤灰在市场上被充分利用，实际施工中粉煤灰完全被中粗砂代替，也就成为了低标号素混凝土桩，即 LCG 桩。三环线南环段有部分路段软弱土较厚，最深达到 15m，同时有机质含量高，水泥土类搅拌桩施工质量难以控制，就采用了当时比较新颖的 CFG 桩，效果良好。这在武汉市政工程领域率先使用。

6. 2008 年湖北地区首次使用钉形水泥土双向搅拌桩地基处理技术

钉形水泥土双向搅拌桩是通过对现有的常规水泥土搅拌桩成桩机械进行简单改造，配上专用的动力设备与多功能钻头，采用同心双轴钻杆，在水泥土搅拌成桩过程中，由动力系统分别带动安装在同心钻杆上的内外两组搅拌叶片同时正反旋转搅拌而形成桩体。在施工过程中，可利用土体的主、被动土压力，使钻杆上叶片打开或收缩，桩径随之变大或变小，形成钉形桩。

钉形水泥土双向搅拌桩机械设备与常规水泥土搅拌桩的机械设备相比具有以下三大特点：

（1）增加了具有交流电系统的动力箱体，使设备钻杆和钻头可以正向旋转，也可以反向旋转。

（2）由单一单向旋转钻杆更新为同心双轴、具有内外两组搅拌叶片且可同时正反向旋转的两组钻杆。

（3）动力驱动系统需要的功率是常规水泥土搅拌桩的两倍左右，一般为 90～120kW。

这种机械设备具有两层叶片，喷浆口在下层叶片的底部，浆液在压力作用下喷出后，下层叶片对其进行原位搅拌，同时通过上层叶片的反向旋转，较好地阻断了水泥浆液的上冒途径，水泥浆液能够与土体较为充分搅拌，其搅拌桩体芯样具有较好的连续性和完整性。

2008 年，在武汉地区首次使用钉形水泥土双向搅拌桩地基处理技术，成功应用于武汉四新地区某道路深厚软弱土地基处理工程，随后该技术在武汉、广州等地区得到了广泛使用。

图 5－9～图 5－11 为钉形水泥土双向搅拌桩施工钻机的钻头、叶片效果和实际动力箱体及钻机。

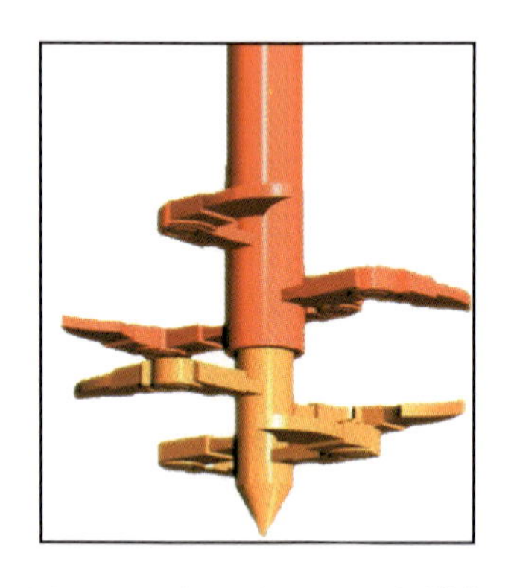

图 5－9　钉形水泥土双向搅拌桩施工钻机钻头、叶片效果

图 5－10　钉形水泥土双向搅拌桩施工钻机实际动力箱体

图 5－11　钉形水泥土双向搅拌桩施工钻机

7. 2013 年湖北地区首次使用湖中围堰开孔拉森桩技术

拉森钢板桩具有较好的挡土和止水性能，然而桩-土围堰两侧使用拉森钢板桩不利于围

堰内部湖底淤泥和流水的排出，目前解决这一难题的措施是迎水侧采用拉森钢板桩，背水侧可采用有间距的型钢或拉森钢板桩，但是有间距的钢板桩整体性较差，不利于围堰施工和安全稳定性。

运用开孔拉森钢板桩围堰技术既可以解决湖底淤泥和流水的排出问题，又能够保证拉森钢板桩成为支护连续体，确保支护体系和围堰的稳定与安全，同时可丰富和发展大湖大江的围堰设计水平和施工技术。它的技术主要优点在于能够很好地保证钢板桩的整体稳定性，且可尽量减小钢板桩围堰的宽度，减小围堰土方，具有一定的经济性。当地质条件较好时，在土方围堰填筑及形成过程中，开孔拉森钢板桩主要进行排水；当地质条件较差，含有大量淤泥时，在土方围堰填筑及形成过程中，开孔拉森钢板桩能够同时进行排水和挤淤。挤淤过程对围堰稳定性没有影响或影响甚小，同时拉森钢板桩的强度和刚度足以抵抗排水和挤淤过程中水及淤泥对其的扰动与挤压。

本技术在武汉东湖隧道湖中围堰得到了成功应用。围堰在背水面每 3 延米至 5 延米范围设置一根开孔拉森桩，一般土质较差时间距稍密，土质较好时间距稍大；开孔范围为湖底以下约 2m 至拉杆以下 1m 范围，开孔直径 0.1m，竖向间距 0.3m（图 5－12、图 5－13，图中标高以米计，尺寸以毫米计）。实际在堰芯土回填过程中，可发现有淤泥、淤泥质土等软弱土明显挤出，这对堰芯土及围堰的整体稳定无疑有较大的帮助作用，为东湖隧道的施工提供安全保障（图 5－14）。

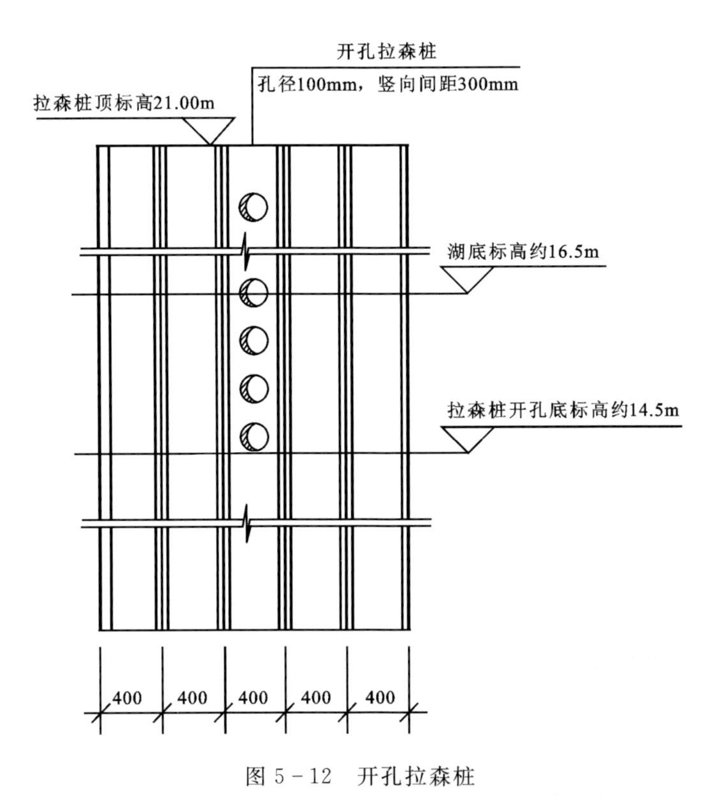

图 5－12　开孔拉森桩

图 5-13　开孔拉森桩现场

图 5-14　实际围堰

8. 2016 年武汉市政工程领域首次使用 CSM 搅拌桩基坑止水帷幕技术

CSM 工法技术又称双轮铣深层搅拌技术，是结合现有液压铣槽机和深层搅拌技术进行叠加创新的岩土工程施工新技术，主要用于防渗墙、地基加固等工程。它的主要原理是通过钻杆下端的一对液压铣轮，对原地层进行铣销、搅拌，同时掺入水泥浆固化液，与原地基土充分搅拌混合后，形成具有一定强度和良好止水性能的水泥土连续墙。CSM 工法对地层的适应性很强，可以切削一定厚度的卵砾石、岩层等坚硬地层。施工深度可达到 60m 以上，成墙质量及止水效果好。

2016 年，为加快施工进度，武汉江南泵站主泵房区基坑支护设计采用了落底式 CSM 搅拌桩基坑止水帷幕技术。CSM 水泥土搅拌墙幅长 2.8m，搭接 0.3m，宽度 0.8m，深度 40m。此为武汉市政工程领域首次使用 CSM 搅拌桩基坑止水帷幕技术，工程效果很好，业内评价较高。图 5-15、图 5-16 为 CSM 搅拌桩设备，图 5-17 为基坑现场开挖照片。

9. 2017 年荆门地区市政工程领域首次使用预成孔微型桩基坑支护技术

荆门地区总体地质条件较好，地层主要为填土、黏土、泥岩、砂岩、灰岩等，且基岩埋深较浅，市政管涵沟槽周边常为现状道路，车流量大，周边房屋、电线杆等建（构）筑物较多，直接放坡开挖困难且风险大。同时，由于土层坚硬，常用的拉森钢板桩支护实施困难。若采用连续引孔，钢板桩咬合密插，造价较高；若采用间隔引孔，设置单根钢板桩，支护刚度较弱。

预成孔微型桩支护技术可较好地解决上述问题。该技术施工时采用钻机引孔，清孔后再利用反铲放入型号、尺寸合适的不太大的工字钢或钢管等受力友好构件，并向孔内灌入中粗砂使空隙密实，从而形成预成孔微型桩。该技术适用于较好工程地质条件的地区，利用工字钢、钢管桩等强度高、刚度大、截面对称、力学性能均匀的优点，可根据现场情况和地质条件灵活调整桩间距，加快施工进度，节约造价。

荆门象山大道等多条道排管涵沟槽支护均采用了预成孔微型桩技术，效果很好。

图 5-15　CSM 搅拌桩设备(一)

图 5-16　CSM 搅拌桩设备(二)

图 5-17　武汉江南泵站主泵房区基坑现场开挖照片

10. 2018 年武汉地区首次使用 MJS 搅拌桩地基加固处理技术

MJS 工法适用于处理淤泥、淤泥质土、黏性土、粉质黏土、粉土、粉砂等土质。MJS 工法桩实现了孔内强制排泥和地内压力监测，通过调整强制排泥来控制地内压力，使得深处排泥和地内压力得到很好的控制。MJS 搅拌桩整个成桩过程形成土体循环置换，对周边环境影响小；成桩直径大，可达到 2～4m；可有效控制加固角度和方向，形成不同形状的加固体，既可避开管道等构筑物，又可减小对它们的不利影响。

2018 年，武九管廊局部范围现状管道直径较大，管道下方采用水泥土搅拌桩进行加固极其困难；同时，普通高压旋喷桩成桩直径较小，一般为 0.5～1.2m，也无法保证管道下方土体完全被加固，喷浆压力过大时又容易造成地内压力增大导致地面隆起，引起管道位移。针对上述问题，该基坑选择了 MJS 侧壁土体加固及 MJS 封底的支护及加固措施。此为武汉地区首次使用 MJS 搅拌桩地基加固处理技术。

图 5－18 为 MJS 搅拌桩设备，图 5－19 为基坑现场开挖照片。

图 5－18　MJS 搅拌桩设备

图 5－19　基坑现场开挖照片

11. 2019 年武汉市政工程领域首次使用排水预制桩地基处理技术

传统预制桩在施工过程中，对周边土体与已经施工的桩体扰动和挤压很大，使得周边土体承载力降低，不能充分发挥原状土的承载力作用，同时对既有桩体有一定的损伤。导致这一现象的主要原因是桩间土体的超孔隙水压力在施工过程中难以快速消散，此时可增设塑料排水板来改善这一现象。然而，单纯设置塑料排水板，需要增加现场施工机械及设备，这对施工管理、施工效率及施工质量均不利。将预制桩及塑料排水板合二而一，有效整合，一次施工到位，则上述各种问题均得到较大的改善。排水预制桩就是在这样的背景下产生的。

排水预制桩是一种新型的钢筋混凝土预制桩，其表面沿桩身轴向设有凹槽，凹槽内铺设塑料排水板，并有效固定，在压桩过程中及压桩后通过塑料排水板排水来消散打桩及施工过程中产生的超孔隙水压力，可加速地基的排水固结，也可尽量减小预制桩施工对周边环境及既有桩体的挤压影响，加快桩体施工速度。

武汉东西湖某道路软弱土地基处理采用了排水预制桩，效果很好。图 5－20 为该排水预制桩工地考察照片。

图 5－20　武汉东西湖某排水预制桩工地考察照片

12. 2020 年湖北地区首次使用灌注桩结合暗撑明渠边坡加固技术

对于工程地质条件较差、软弱土深厚地区，边坡治理若采用常规悬臂桩支护，由于渠底被动区土体性质较差，即使采用较大直径钻孔灌注桩，桩体位移仍然较大且不经济，不能满足保护渠道周边环境的要求。此时若采用渠道加固措施，造价高、工期长且质量难以控制；若采用灌注桩＋内支撑的方式，支撑及立柱影响渠道通水且不美观。灌注桩结合暗撑明渠边坡加固技术采用钻孔灌注桩作为边坡支护体，并在渠底设置钢筋混凝土梁或钢管梁作为横向支撑受力构件，根据需要还可设置立柱桩及纵向连系梁，形成可靠、稳固的结构支护体系，既可有效控制渠道边坡变形，又经济美观，且不影响通水。

2020 年武汉某渠道成功使用了该技术。图 5－21 为该渠道现场开挖及施工照片。

13. 2021 年襄阳地区市政工程领域首次使用钻孔后注浆地下连续墙内插型钢基坑支护技术

钻孔后注浆地下连续墙工法采用施工钢筋混凝土连续墙的设备——液压抓斗成墙，在成墙过程中采用膨润土泥浆护壁，在孔外制备高性能水泥土浆，成墙深度到位时利用注浆设备注入高性能水泥土浆至墙体内全部盛满高性能水泥土浆，成墙相邻单元之间搭接成墙。水泥土浆凝固后就成为一道连续、致密的止水等厚度钻孔后注浆连续墙，水泥土起止水作用，它具有挡土、止水二合一的功能。在浆体初凝前，插入型钢，形成钻孔后注浆地下连续墙内插型钢支护体。

钻孔后注浆地下连续墙工法与高性能水泥土桩的工艺及原理基本相同，两者的主要特征是在孔外或墙外制备水泥土浆，浆体均匀，质量可靠。

由于钻孔后注浆地下连续墙工法是利用液压抓斗成墙，襄阳大部分地区由于分布有厚度较大的圆砾、卵石等地层，SMW 水泥土搅拌墙、CSM 水泥土搅拌墙、TRD 水泥土搅拌墙及高性能水泥土桩施工甚为困难，效率很低，此时采用钻孔后注浆地下连续墙工法就有很大的优势。图 5－22 为某基坑现场开挖照片。

图 5－21　武汉某使用灌注桩结合暗撑明渠边坡加固技术渠道现场开挖及施工照片

图 5－22　襄阳某使用钻孔后注浆地下连续墙内插型钢基坑现场开挖照片

14. 2022 年武汉市政工程领域首次使用静压拉森钢板桩结合钢筋混凝土冠梁基坑支护技术

拉森钢板桩是一种广泛使用的基坑支护技术。拉森钢板桩具有较大的强度、刚度等力学性能，施工不需要龄期，可以回收利用，施工设备多，因此支护深度较深，施工速度快，较为经济，设备占地方便友好。因此，拉森钢板桩在市政管道、箱涵、泵站及管廊基坑支护中得到了广泛的应用。但拉森钢板桩施工对土体的扰动与挤压很大，振动也很大，且一般采用型钢腰梁与钢支撑，这些特点导致拉森钢板桩及整个支护体系的变形很大，在基坑周边存在建（构）筑物、地下管涵等对变形要求较高的外部环境时，往往限制了其使用。为了克服扰动、挤压、钢腰梁与钢支撑的不利因素，静压拉森钢板桩结合钢筋混凝土冠梁基坑支护技术将拉森钢板桩与钢筋混凝土冠梁有机结合，并采用静压工艺，由于设置了钢筋混凝土冠梁，可以更方便地设置钢筋混凝土内支撑，基坑支撑体系的强度及刚度均大幅度增强。同时，采用静压工艺可大幅度减小对土体的扰动、挤压与振动等不利作用，因此该技术能够有效缓解或控制拉森钢板桩及整个支护体系的变形，最大程度地保护了基坑周边环境，也扩大了其使用范围及场景。

武汉东湖新城某管廊局部范围由于 3～4 层的老房子拆迁困难，为加快管廊施工进度，节省工程造价，确保工程质量，采用了静压拉森钢板桩结合钢筋混凝土冠梁基坑支护技术，最终达到了预期效果。

图 5－23、图 5－24 为静压拉森钢板桩设备及施工现场照片，图 5－25 为钢筋混凝土冠梁施工现场照片，图 5－26 为基坑现场开挖照片。

图 5－23　静压拉森钢板桩设备及施工现场照片(一)

图 5－24　静压拉森钢板桩设备及施工现场照片(二)

图 5－25　钢筋混凝土冠梁施工现场照片

图 5－26　基坑现场开挖照片

第六章　获奖项目

武汉市政岩土工程通常是市政道路、桥梁、管涵、泵站、综合管廊、地铁、城市明渠等市政建设工程的重要组成部分，这也在一定程度上制约了市政岩土工程设计项目单独报奖领域、报奖途径及报奖概率等，诸多有影响力的市政岩土工程设计项目都伴随在或包含在市政道路、桥梁、地铁等综合市政建设项目奖项中。直到最近10年，市政岩土工程设计项目才逐渐在工程勘察领域进行单独报奖，单独获奖才逐渐出现并不断增多。武汉市政岩土工程报奖途径主要有武汉勘察设计协会及湖北省勘察设计协会等。武汉市政工程设计研究院获奖项目回顾见表6-1。表中获奖时间一般比该获奖项目的实际完成时间要晚1～2年，甚至3～4年。

表6-1　获奖项目回顾表

获奖时间	获奖项目名称	获奖情况	项目类别
2009—2010年	武汉市二环线（理工大学—洪山侧路）工程子项：石牌岭东一路—武珞路基坑支护工程	武汉地区勘察设计行业优秀工程勘察设计行业奖市政公用工程设计一等奖、湖北省勘察设计行业优秀市政工程设计二等奖、全国优秀工程勘察设计行业奖市政公用工程三等奖	基坑工程
2016年	武汉轨道2号线一期常青花园车辆段外部市政工程——车场北部明渠工程	武汉地区优秀工程勘察设计奖工程勘察二等奖	明渠边坡
2016年	武汉市二七路综合公共地下停车场工程——二七路基坑支护工程	武汉地区优秀工程勘察设计工程勘察三等奖	基坑支护
2017年	亚行三期项目——武汉新区总港渠道整治工程	武汉地区优秀工程勘察设计行业奖市政公用工程三等奖	明渠边坡
2017年	武汉东湖通道基坑工程	武汉地区优秀工程勘察设计行业奖工程勘察一等奖	基坑支护
2018年	雄楚大街（梅家山立交—楚平路）改造工程——湖北省省检察院还建停车场基坑支护工程	武汉地区优秀勘察设计项目工程勘察项目三等奖	基坑支护
2019年	黄浦路泵站及进出管涵基坑支护工程	武汉地区优秀工程勘察设计奖工程勘察二等奖	基坑支护

续表 6-1

获奖时间	获奖项目名称	获奖情况	项目类别
2020 年	武汉新区江城大道(三环线—墨水湖大桥)改造工程——四新北路通道、四新南路通道基坑支护工程	武汉地区优秀勘察设计项目工程勘察类二等奖	基坑支护
2020 年	武汉轨道交通 11 号线东段(光谷火车站—左岭站)工程光谷五路站围护结构	武汉地区优秀勘察设计项目奖工程勘察类三等奖	基坑支护
2021 年	雅安街—文荟街排水箱涵工程(巡司河—崇文路)——文荟街下穿通道基坑支护工程	武汉地区优秀勘察设计项目工程勘察组二等奖、湖北省勘察设计成果评价工程勘察三等成果	基坑支护
2021 年	烽火路(八坦路—滨河路)工程	武汉地区优秀勘察设计项目市政公用工程组二等奖	地基处理
2021 年	巡司河第二出江泵站工程	武汉地区优秀勘察设计项目市政公用工程组一等奖	基坑支护
2021 年	黄家湖大道(滨河路—洪山江夏交界处)工程	武汉地区优秀勘察设计项目市政公用工程三等奖	地基处理
2022 年	大东湖核心区污水传输系统工程(岩土工程)	中国市政工程协会综合管廊建设及地下空间利用专业委员会第二届地下空间创新大赛优秀设计项目第一名、湖北省勘察设计成果评价认定成果工程勘察一等成果	基坑支护
2023 年	公安县城区雨污分流工程——孱陵片区排水泵站基坑支护工程	武汉地区优秀勘察设计奖工程勘察组岩土工程技术服务三等奖	基坑支护
2023 年	北湖污水处理厂及其附属工程——深隧泵房基坑支护工程	湖北省勘察设计成果评价认定成果工程勘察一等成果	基坑支护
2023 年	江南中心绿道武九线综合管廊工程(友谊大道—建设十路)(岩土工程)	湖北省勘察设计成果评价认定成果工程勘察一等成果	基坑支护
2023 年	樊西综合管廊一期工程(岩土工程)	湖北省勘察设计成果评价认定成果工程勘察二等成果	基坑支护

第一节　武汉市二环线(理工大学—洪山侧路)工程子项：石牌岭东一路—武珞路基坑支护工程

1. 基坑特征及难点

石牌岭东一路—武珞路是武汉市二环线(理工大学—洪山侧路)工程的重要组成部分，包含武汉理工大学地下通道工程。

地下通道基坑为长带形，基坑长度约1000m，宽度20～30m，深度0～13.5m。地层主要以杂填土、素填土、黏性土及碎石土为主。基坑周边环境复杂，基坑工程重要性等级为一级，基坑施工过程中对稳定性及变形要求高。

2. 基坑支护关键技术

针对上述基坑特征及难点，基坑主要采用灌注桩＋1～2道钢管内支撑的方式进行支护。灌注桩直径0.8～1.0m，间距1.0～1.2m；内支撑下设置钢格构柱，格构柱采用灌注桩基础；地下水采用明排措施。

3. 技术贡献与发展

(1)对于通道基坑支护，内支撑全部采用钢管支撑，钢管支撑安装速度快且经济环保。

(2)条件允许，现状道路全断面封闭施工，对加快施工进度、确保施工工期有极大帮助。

本工程于2009—2010年先后荣获武汉地区勘察设计行业优秀工程勘察设计行业奖市政公用工程设计一等奖、湖北省勘察设计行业优秀市政工程设计二等奖以及全国优秀工程勘察设计行业奖市政公用工程三等奖(图6-1～图6-3)。

第二节　武汉轨道2号线一期常青花园车辆段外部市政工程——车场北部明渠工程

1. 明渠边坡特征及难点

该明渠主要是服务于武汉轨道2号线一期常青花园车辆段附近区域的排渍安全及防涝安全，渠道全长约2.0km。明渠采用二级梯形断面，二级边坡坡率均为1∶1.5～1∶2.0，渠道高度4～5m，渠底宽度15～30m。明渠边坡安全等级为二级。明渠边坡软弱土厚度平均6.0m，最深达10.0m，工程地质条件及周边环境条件均较为复杂。

奖 状

武汉市政工程设计研究院有限责任公司:

你单位在二〇〇九年度武汉地区勘察设计行业优秀工程勘察设计行业奖评选活动中，"武汉市二环线（理工大学—洪山侧路）工程子项：石牌岭东一路—武路路"项目荣获市政公用工程设计一等奖。

特发此奖，以资鼓励。

武汉勘察设计协会

二〇〇九年十月二十二日

图 6-1 武汉市二环线(理工大学—洪山侧路)工程子项:石牌岭东一路—武珞路基坑支护工程获 2009 年度武汉地区勘察设计行业优秀工程勘察设计行业奖市政公用工程设计一等奖奖状

奖 状

武汉市政工程设计研究院有限责任公司:

你单位完成的武汉市二环线（理工大学—洪山侧路）工程 子项：石牌岭东一路—武路路工程设计荣获2009年度湖北省勘察设计行业优秀市政工程设计 二 等奖。

特发此状，以资鼓励。

湖北省勘察设计协会

二〇〇九年十一月

图 6-2 武汉市二环线(理工大学—洪山侧路)工程子项:石牌岭东一路—武珞路基坑支护工程获 2009 年度湖北省勘察设计行业优秀市政工程设计二等奖奖状

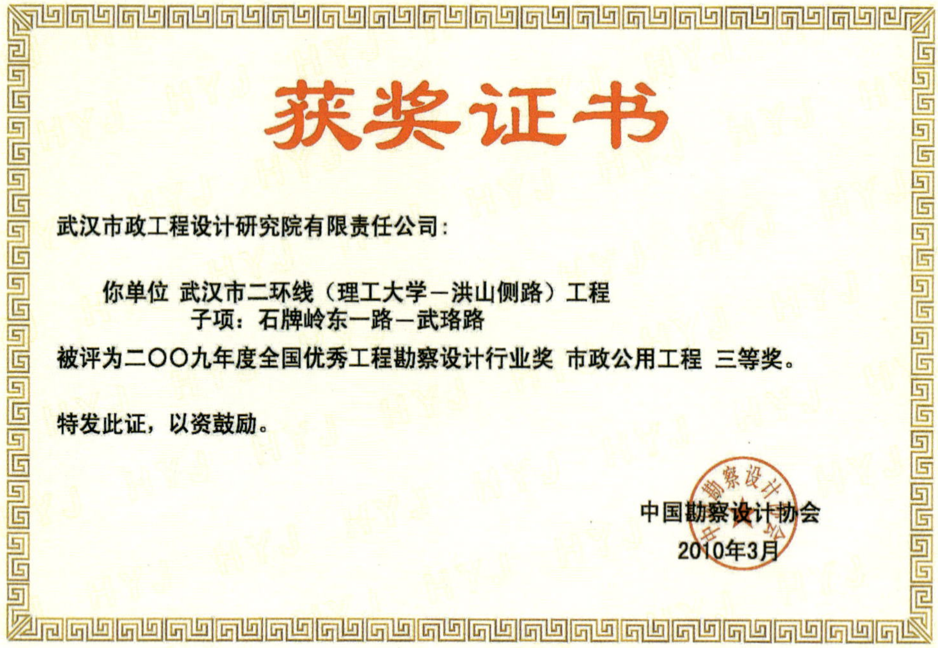

获奖证书

武汉市政工程设计研究院有限责任公司：

你单位 武汉市二环线（理工大学－洪山侧路）工程
子项：石牌岭东一路－武珞路
被评为二〇〇九年度全国优秀工程勘察设计行业奖 市政公用工程 三等奖。

特发此证，以资鼓励。

中国勘察设计协会
2010年3月

图 6－3　武汉市二环线(理工大学—洪山侧路)工程子项:石牌岭东一路—武珞路基坑支护工程获 2009 年度全国优秀工程勘察设计行业奖市政公用工程三等奖获奖证书

2. 明渠边坡加固关键技术

根据明渠周边环境、地质条件以及边坡填挖方高度，沿线边坡针对性地采用了抛石挤淤、加筋土换填、格构式水泥土搅拌桩加固、SMW 三轴水泥土搅拌桩加固、旋喷桩加固以及灌注桩加固等多种边坡加固关键技术及其组合技术。

抛石挤淤厚度 1.0～2.0m，平均约 1.5m；格构式水泥土搅拌桩桩体直径 0.5m，咬合 0.1m，格构式置换率 70%～80%；SMW 三轴水泥土搅拌桩桩体直径 0.85m，咬合 0.25m，现场 28d 龄期的无侧限抗压强度不小于 0.9MPa，抗渗系数小于 1×10^{-7}cm/s。采用的水泥强度等级不低于 32.5MPa，水泥掺量不小于 20%，每立方米被搅拌土体中水泥掺量不小于 360kg；旋喷桩桩体直径 0.8m；灌注桩桩体直径 0.8～1.2m。

3. 技术贡献与发展

本工程在武汉城市明渠边坡中首次采用了三轴水泥土搅拌桩进行加固，解决了深厚淤泥及淤泥质土等软弱土边坡的稳定性及变形问题，积累并发展了武汉城市明渠边坡治理的经验，同时为三轴水泥土搅拌桩在武汉地区广泛应用提供了成功范例。

本工程于 2016 年荣获武汉地区优秀工程勘察设计奖工程勘察二等奖(图 6－4)。

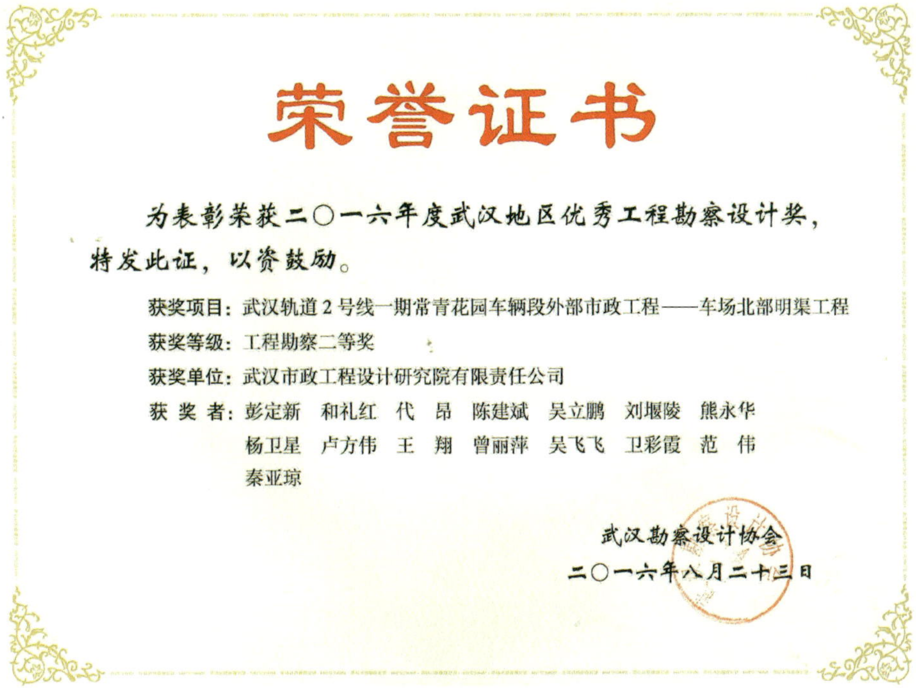

荣誉证书

为表彰荣获二〇一六年度武汉地区优秀工程勘察设计奖，特发此证，以资鼓励。

获奖项目：武汉轨道2号线一期常青花园车辆段外部市政工程——车场北部明渠工程
获奖等级：工程勘察二等奖
获奖单位：武汉市政工程设计研究院有限责任公司
获 奖 者：彭定新 和礼红 代 昂 陈建斌 吴立鹏 刘堰陵 熊永华 杨卫星 卢方伟 王 翔 曾丽萍 吴飞飞 卫彩霞 范 伟 秦亚琼

武汉勘察设计协会
二〇一六年八月二十三日

图 6-4　武汉轨道 2 号线一期常青花园车辆段外部市政工程——车场北部明渠工程
获 2016 年度获武汉地区优秀工程勘察设计奖工程勘察二等奖荣誉证书

第三节　武汉市二七路综合公共地下停车场工程——二七路基坑支护工程

1. 基坑特征及难点

二七路综合公共地下停车场是一栋以地下停车场为主的办公建筑，地下 2 层，主要为停车场及设备用房，地上局部 3 层。基坑四周分布有武汉轨道交通 1 号线高架桥、二七路与解放大道等主干道。基坑东侧距 2 层二七路轻轨站管理用房约 8.5m，北侧距现状电力管涵 3.0～7.4m。地层主要以杂填土、素填土、粉土粉砂互层土及粉细砂为主。

基坑平面呈梯形，基坑长度 118～129m，宽度 83.3～96.3m，周长约 434m，平面面积约 11 280m^2，深度 10.2m，局部达到 11.7m，侧面面积约 4560m^2。

难点如下：

(1)基坑工程重要性等级为一级，基坑施工过程中对稳定性及变形要求高。

(2)基坑周边环境复杂，对基坑变形及降水要求高。

(3)富含承压水，需要进行深井降水，应采取有效措施控制其不利影响。

2. 基坑支护关键技术

针对上述基坑特征及难点，基坑主要采用型钢水泥土搅拌墙，即SMW工法桩＋内支撑支护方式，内支撑采用钢筋混凝土桁架对顶支撑结合角撑组合方式。内支撑下设置钢格构柱，格构柱采用灌注桩基础。SMW三轴水泥土搅拌桩桩体直径0.85m，咬合0.25m，现场28d龄期的无侧限抗压强度不小于0.9MPa，抗渗系数小于1×10^{-7}cm/s。采用的水泥强度等级不低于32.5MPa，水泥掺量不小于20%，每立方米被搅拌土体中水泥掺量不小于360kg。支护桩体采用热轧HN700×300型钢，密插，间距0.6m。坑内采用深井疏干降水。

3. 技术贡献与发展

SMW三轴水泥土搅拌桩均匀性好，针对侧壁淤泥质土、互层土等自稳性差、透水性强的地质条件特点，具有良好的止土和止水功能；密插型钢提供了良好的抗拉、抗弯与抗剪性能。基坑开挖至回填完成，变形控制在允许范围内，确保了周边环境的安全与构筑物的顺利实施，保证了临近轨道交通的正常运营，得到了建设单位等的一致认可。

本工程在武汉地区地下停车场基坑中首批采用了型钢水泥土搅拌墙的支护方法。利用墙身止水、型钢循环利用等特点优化了基坑造价及工期安排，为项目实施提供了极大的便利；通过对型钢参数、水泥土搅拌桩强度特性等进行研究，为型钢水泥土搅拌墙技术在武汉建筑行业的发展与应用提供了成功范例。

图6-5、图6-6为该基坑现场开挖及施工照片。本基坑支护工程于2016年荣获武汉地区优秀工程勘察设计工程勘察三等奖（图6-7）。

图6-5 武汉市二七路综合公共地下停车场工程——二七路基坑支护工程基坑开挖及施工现场照片（一）

图6-6 武汉市二七路综合公共地下停车场工程——二七路基坑支护工程基坑开挖及施工现场照片（二）

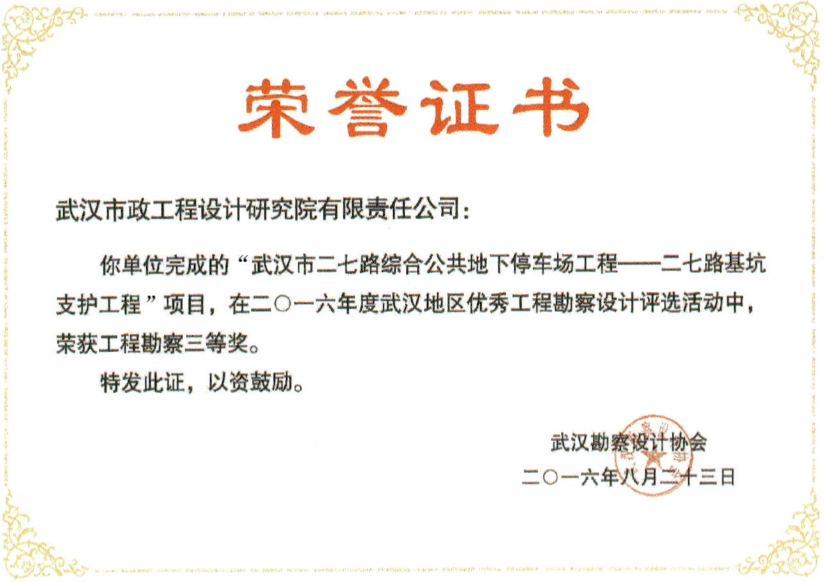

荣誉证书

武汉市政工程设计研究院有限责任公司：

你单位完成的“武汉市二七路综合公共地下停车场工程——二七路基坑支护工程”项目，在二〇一六年度武汉地区优秀工程勘察设计评选活动中，荣获工程勘察三等奖。

特发此证，以资鼓励。

武汉勘察设计协会
二〇一六年八月二十三日

图 6-7　武汉市二七路综合公共地下停车场工程——二七路基坑支护工程
获 2016 年度武汉地区优秀工程勘察设计工程勘察三等奖荣誉证书

第四节　亚行三期项目——武汉新区总港渠道整治工程

1. 明渠边坡特征及难点

总港是墨水湖—上太子溪连通渠，在武汉新区中心区域与凤凰湖连通，承担四新片区内的排渍安全与旅游功能。渠道全长约 3.1km，汇流面积约 3.4km²，设计过流量为 26～50m³/s。明渠采用二级梯形断面，滨水步道设计宽度 3m，渠底宽度 18～21m，二级边坡坡率均为 1∶2。明渠边坡安全等级为二级。明渠边坡软弱土深厚且不均匀，厚度为 3.0～15.4m。工程地质条件及周边环境条件均较为复杂。

2. 明渠边坡加固关键技术

根据明渠周边环境、地质条件以及边坡填挖方高度，沿线边坡针对性地采用了格构式水泥土双向搅拌桩进行加固。加固体宽度约 6.4m，深度 6.0～18.5m，桩端穿过软弱土层约 1.5m。加固体采用的水泥土双向搅拌桩桩体直径 0.8m，间距 0.65m，咬合 0.15m，格构式布置，格构式置换率 70%～80%。

3. 技术贡献与发展

本工程在武汉城市明渠边坡中首次采用格构式水泥土双向搅拌桩进行加固，桩间土采用弱加固体填充。水泥土双向搅拌桩通过采用同心双轴钻杆，内外钻杆上叶片的同时双向旋转而形成桩体，使水泥浆与土体得到充分搅拌，避免层状的水泥土搅拌体，桩身强度能够大幅度提高。本工程积累了武汉城市明渠边坡治理的经验，同时为水泥土双向搅拌桩在武汉地区的广泛应用提供了成功范例，工程于2017年荣获武汉地区优秀工程勘察设计行业奖市政公用工程三等奖（图6-8）。

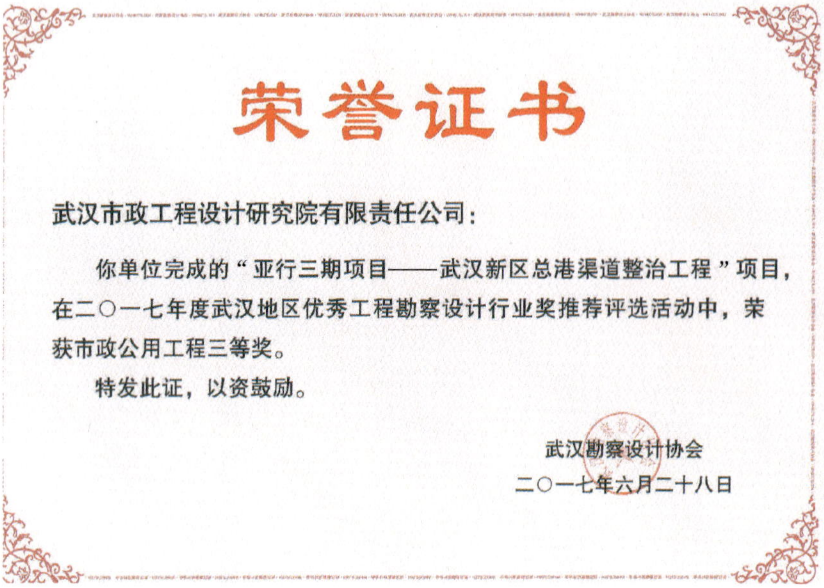

荣誉证书

武汉市政工程设计研究院有限责任公司：

你单位完成的“亚行三期项目——武汉新区总港渠道整治工程”项目，在二〇一七年度武汉地区优秀工程勘察设计行业奖推荐评选活动中，荣获市政公用工程三等奖。

特发此证，以资鼓励。

武汉勘察设计协会

二〇一七年六月二十八日

图6-8　亚行三期项目——武汉新区总港渠道整治工程
获2017年度武汉地区优秀工程勘察设计行业奖市政公用工程三等奖荣誉证书

第五节　武汉东湖通道基坑工程

1.基坑特征及难点

东湖通道工程位于武汉市东湖风景区，北起二环线红庙立交与二环线水东段对接，南止于喻家湖路虹景立交附近，全长约9.86km。其中，穿东湖段采用隧道形式，隧道段全长约6.88km，为双向六车道。东湖常水位深度约3.0m。经过多方案论证，湖中隧道采用围堰明挖法施工，需要全线采用基坑支护。基坑特征及难点如下：

（1）基坑支护线路长，穿湖隧道段加两端总基坑支护长度约8km。

（2）基坑深度沿纵向变化较大，最深约16m，平均约10m。

（3）工程地质条件沿线变化很大，部分地段分布较厚的老黏土，部分地段又分布有深厚淤泥、淤泥质土等软弱土。

（4）基坑支护需要考虑周边围堰与基坑之间的相互影响。

（5）基坑工程重要性等级为一级，基坑施工对稳定性及变形要求高。

2. 基坑支护关键技术

针对上述基坑特征及难点，基坑支护主要关键技术如下：

(1)灌注桩＋内支撑，其中第一道内支撑为钢筋混凝土支撑。

(2)灌注桩＋多道锚杆支护。

(3)局部采用坑底加固技术。灌注桩直径 1.0～1.2m，间距 1.2～1.5m，坑底加固主要采用 SMW 三轴水泥土搅拌桩及双管旋喷桩。

3. 技术贡献与发展

(1)积累了复杂地质条件下超长湖中明挖隧道的基坑支护关键技术，为类似项目提供了成功范例。

(2)构建了湖中挡水围堰与基坑支护之间的相互作用与影响模型，率先提出了类似项目围堰的选址与设置方式。

(3)探索出了一种超长基坑限期快速施工的先进管理模式。

(4)通过对数次基坑及围堰的险情控制及问题处理，总结出了基坑风险控制方法以及险情快速响应与处理程序。

本工程于 2017 年荣获武汉地区优秀工程勘察设计行业奖工程勘察一等奖(图 6－9)，图 6－10～图 6－13为基坑现场开挖及施工照片。

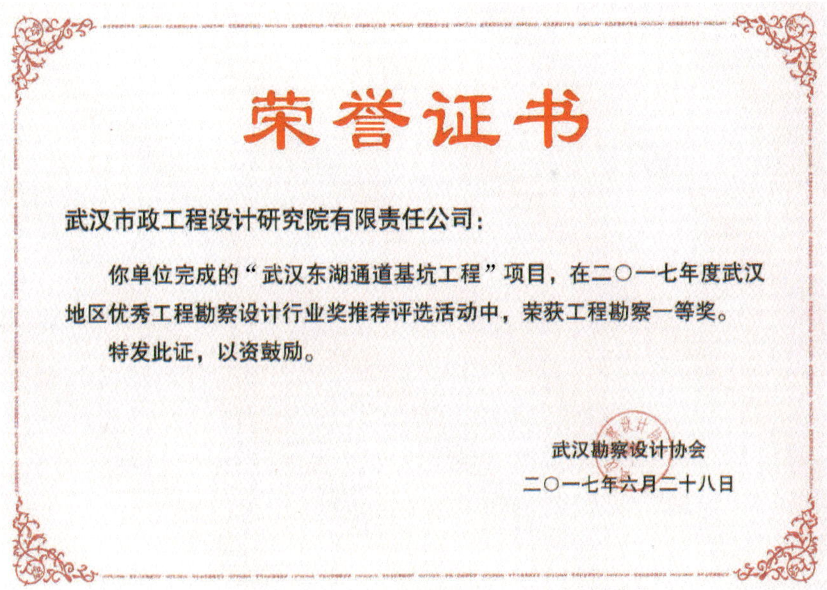

荣誉证书

武汉市政工程设计研究院有限责任公司：

你单位完成的“武汉东湖通道基坑工程”项目，在二〇一七年度武汉地区优秀工程勘察设计行业奖推荐评选活动中，荣获工程勘察一等奖。

特发此证，以资鼓励。

武汉勘察设计协会

二〇一七年六月二十八日

图 6－9　武汉东湖通道基坑工程
获 2017 年度武汉地区优秀工程勘察设计行业奖工程勘察一等奖荣誉证书

图 6-10　武汉东湖通道基坑工程
基坑现场开挖及施工照片(一)

图 6-11　武汉东湖通道基坑工程
基坑现场开挖及施工照片(二)

图 6-12　武汉东湖通道基坑工程
基坑现场开挖及施工照片(三)

图 6-13　武汉东湖通道基坑工程
基坑现场开挖及施工照片(四)

第六节　雄楚大街(梅家山立交—楚平路)改造工程——湖北省省检察院还建停车场基坑支护工程

1. 基坑特征及难点

(1)停车场为两层地下室,基坑面积约 4800m²,周长约 300m,深度 9.9～10.5m,深度较深。

(2)场地地层条件较复杂,基坑范围内主要分布填土、软塑状黏土、粉质黏土等。填土、软塑状黏土厚度 3～8m,对基坑支护结构体、侧壁止水止淤影响较大。

(3)基坑周边环境复杂,北侧为 8 层建筑,与基坑边线最近距离 1.86m;东侧紧邻安康路,基坑边线距离安康路边线最近 7.42m;南侧为 9 层建筑,与基坑边线最近距离 3.3m;西侧为 25 层建筑,与基坑边线距离 10.82m。对支护结构变形要求严格。

(4)基坑位于湖北省检察院内,为缩短影响检察院的正常工作及日常生活时间,基坑工期紧张,基坑安全与否具有重大的社会影响。

2. 基坑支护关键技术

(1)由于基坑北侧及南侧建筑距离基坑边线很近,最近距离仅 1.86m,采用直径 1.0m 的钻孔灌注桩+两道内支撑支护,内支撑主要采用简单、方便、可靠的桁架斜撑,并采用中板换第二道支撑、顶板换第一道支撑的方式,有效控制了支护结构位移,保证基坑及周边房屋的安全。

(2)为防止南北两侧上层滞水及居民生活排水渗入基坑,同时为避免施工止水帷幕对房屋基础造成影响,采用压密注浆对基坑南北两侧钻孔灌注桩间 3~5m 厚度的填土进行加固,既起到隔渗作用又不对周边房屋造成影响。

(3)为避免北侧坡道开挖过深,分两期对北侧坡道基坑与主体结构施工,坡道基坑利用一期已施工完成的主体结构顶板梁架设支撑,节约造价。

3. 技术贡献与发展

(1)积累了利用地下停车场中板与顶板进行换撑的经验。

(2)实践证明了钻孔灌注桩桩间填土在 3~5m 厚度范围,采用压密注浆加固是可靠的。

(3)实践证明了对于不同深度或有斜坡的局部基坑范围,分期施工可节省造价。

本工程于 2018 年荣获武汉地区优秀勘察设计项目工程勘察项目三等奖(图 6-14),图 6-15、图 6-16 为本基坑现场开挖及施工照片。

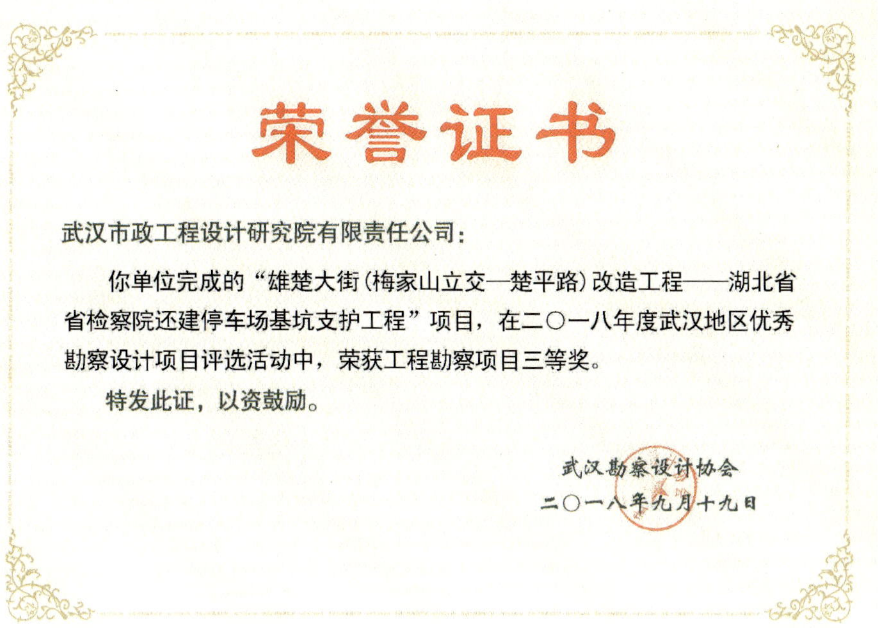

荣誉证书

武汉市政工程设计研究院有限责任公司:

你单位完成的"雄楚大街(梅家山立交—楚平路)改造工程——湖北省省检察院还建停车场基坑支护工程"项目,在二〇一八年度武汉地区优秀勘察设计项目评选活动中,荣获工程勘察项目三等奖。

特发此证,以资鼓励。

武汉勘察设计协会

二〇一八年九月十九日

图 6-14 雄楚大街(梅家山立交—楚平路)改造工程——湖北省省检察院还建停车场基坑支护工程获 2018 年度武汉地区优秀勘察设计项目工程勘察项目三等奖荣誉证书

图 6-15　雄楚大街（梅家山立交—楚平路）改造工程——湖北省省检察院还建停车场基坑支护工程基坑现场开挖及施工照片（一）

图 6-16　雄楚大街（梅家山立交—楚平路）改造工程——湖北省省检察院还建停车场基坑支护工程基坑现场开挖及施工照片（二）

第七节　黄浦路泵站及进出管涵基坑支护工程

1. 基坑特征及难点

泵站基坑四周环绕着长江二桥匝道、黄埔大街与沿江大道等主干道，距长江最近距离约180m。泵站基坑呈喇叭形布置，总长度约80m，宽度最大处约35m，最小处约7.4m，最大开挖深度达到13m。匝道桥墩距泵房基坑最近约14m，部分进水箱涵基坑下穿长江二桥右下沿江路匝道，匝道桥墩距箱涵基坑两侧最近距离分别为6.6m和7.5m。基坑周边环境极为复杂，基坑稳定及变形控制要求高。基坑位于长江一级阶地，开挖与施工应考虑长江汛期的不利影响。基坑工程重要性等级为一级。

2. 基坑支护关键技术

针对上述基坑特征及难点，基坑支护关键技术如下：

（1）采用灌注桩＋钢筋混凝土支撑的支护形式，基坑侧壁采用SMW三轴水泥土搅拌桩止水帷幕。

（2）采用双管旋喷桩进行封底加固。加固体有提高被动区土体抗力、减小支护体系的变形的作用，同时，在基底增加了隔水层厚度，提高了汛期长江水位上涨时基坑的抗突涌稳定性。

(3)下穿桥梁处采用明挖结合顶进多种工艺施工。

3. 技术贡献与发展

(1)本基坑工程解决了土层差、水位高、环境复杂及变形要求高等综合性难题,保证了基坑及周边桥梁的稳定与安全。

(2)实践证明了对于一定的地质条件与环境条件,临江基坑采用双管旋喷桩进行封底加固是可行的。

(3)发展了桥下箱涵基坑支护设计与施工技术。

本工程于 2019 年荣获武汉地区优秀工程勘察设计奖工程勘察二等奖,图 6－17 为基坑现场施工照片,图 6－18 为基坑宣传图片。

图 6－17　黄浦路泵站及进出管涵基坑支护工程基坑现场施工照片

江岸永清片区不再"逢雨渍水"

武汉中心城区首座"园林式泵站"投入使用

7 项排水工程

本月底竣工

6－18　黄浦路泵站及进出管涵基坑支护工程基坑宣传图片

第八节　武汉新区江城大道(三环线—墨水湖大桥)改造工程——四新北路通道、四新南路通道基坑支护工程

1. 基坑特征及难点

本工程两通道基坑总长约 380m,深度 1.0～13.7m,宽度 18.0～48.0m,深度较深且深度及宽度变化大。通道紧邻有待建人行通道及市政管线。场地工程地层条件较差,基坑范围内主要分布填土、淤泥、黏土、粉质黏土等,软弱土较厚,最大深度 18～22m。基坑位于长江一级阶地,基坑工程重要性等级为一级,采用人行通道与车行通道同槽开挖的方式。基坑横穿江城大道,江城大道为城市主干道,施工时需保证江城大道的正常通行,结合交通组织分期施工,工期紧张,变形控制要求严格,基坑安全与否具有巨大的社会影响。拟建地铁 10 号线两次下穿通道,基坑支护需考虑对拟建地铁的影响。

2. 基坑支护关键技术

针对上述基坑特征及难点,支护结构充分考虑交通组织要求,采用人行通道与车行通道同槽支护开挖的方式，并分为三段、两期施工，从而缩短四新南路、四新北路封路及江城大道半幅通行的时间，最大限度优化工期和造价。

根据工程地质条件、基坑深度及周边环境，基坑采用放坡、悬臂 SMW 工法桩、SMW 工法桩＋1～3 道内支撑、局部主动及被动区土体加固等多种支护方式进行支护。支撑形式采用简单、受力较好的对撑进行支护，第一道支撑为钢筋混凝土支撑，第二道支撑为钢筋混凝土支撑或钢支撑，端头及基坑拐角处采用斜撑。基坑支护方案可靠、经济，工期及变形控制满足现状道路安全及通行要求。

拟建地铁影响段基坑采用 SMW 工法桩支护，施工完成后型钢拔出，地铁 10 号线影响区间内立柱桩采用玻璃纤维筋，保证了将来地铁 10 号线的顺利施工与通过。

3. 技术贡献与发展

（1）对于交通组织繁忙的线性车行通道基坑支护，为保证基坑及交通安全，可采用纵向合并、同槽及横向分段的设计与施工方式。

（2）对于后期地铁或其他顶管及盾构处，可采用 SMW 工法桩及玻璃纤维筋灌注桩进行支护。

（3）发展、丰富了 SMW 工法桩在城市通道基坑支护工程中的应用。

本工程于 2020 年荣获武汉地区优秀勘察设计项目工程勘察类二等奖（图 6－19）。图 6－20、图 6－21 为本基坑现场施工及开挖照片。

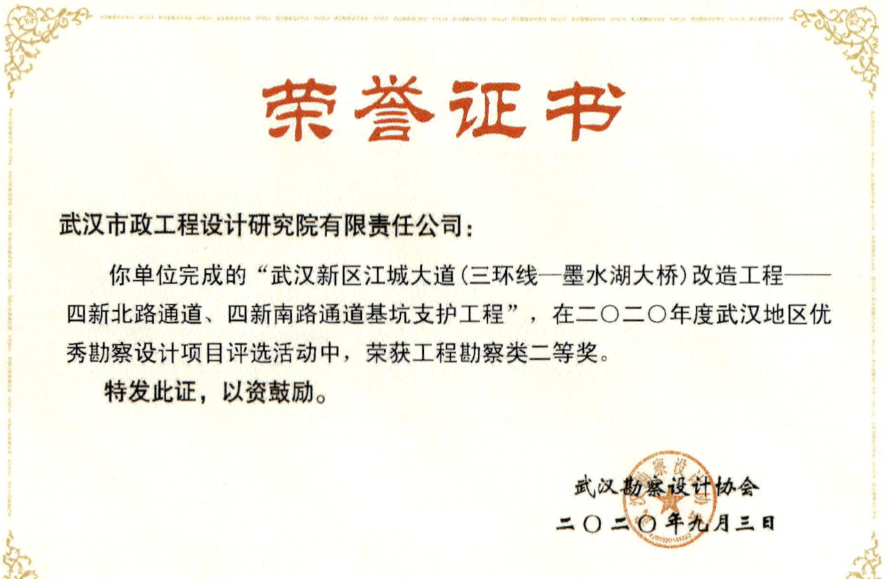

荣誉证书

武汉市政工程设计研究院有限责任公司：

你单位完成的“武汉新区江城大道（三环线—墨水湖大桥）改造工程——四新北路通道、四新南路通道基坑支护工程”，在二〇二〇年度武汉地区优秀勘察设计项目评选活动中，荣获工程勘察类二等奖。

特发此证，以资鼓励。

武汉勘察设计协会

二〇二〇年九月三日

图 6－19　武汉新区江城大道（三环线—墨水湖大桥）改造工程——四新北路通道、四新南路通道基坑支护工程获 2020 年度武汉地区优秀勘察设计项目工程勘察类二等奖荣誉证书

图 6-20 武汉新区江城大道(三环线—墨水湖大桥)改造工程——四新北路通道、四新南路通道基坑支护工程基坑现场施工照片

图 6-21 武汉新区江城大道(三环线—墨水湖大桥)改造工程——四新北路通道、四新南路通道基坑支护工程基坑现场开挖照片

第九节 武汉轨道交通11号线东段(光谷火车站—左岭站)工程光谷五路站围护结构

1. 基坑特征及难点

光谷五路站为武汉轨道交通11号线与19号线十字换乘站，且与光谷中心城中轴线区域地下公共交通走廊工程结合形成集商业配套、文化娱乐、体育休闲等为一体的复合、活力型地下公共空间。地铁基坑主要为地下3层、局部地下4层，平面近似“十”字形，深度20.0～30.0m，位于长江三级阶地。基坑工程地质条件较好，深度较深且需要多次分幅倒边施工。

2. 基坑支护关键技术

针对上述基坑特征及难点，基坑支护结构充分考虑交通组织及复杂的结构施工要求，主要采用桩顶放坡、边坡平台以下采用灌注桩＋钢筋混凝土桁架内支撑的支护方式。灌注桩直径1.2～1.4m，间距1.5～1.8m；桁架内支撑跨度大，达到50.0m，为基坑施工带来了极大的便利。

3. 技术贡献与发展

(1)对于大跨度异形基坑，采用桁架内支撑较为便利。

(2)对于长江三级阶地、地质条件很好的深基坑，采用灌注桩支护较为适宜。

本工程于2020年荣获武汉地区优秀工程勘察设计项目奖工程勘察类三等奖(图6-22)。图6-23为基坑现场开挖及施工照片。

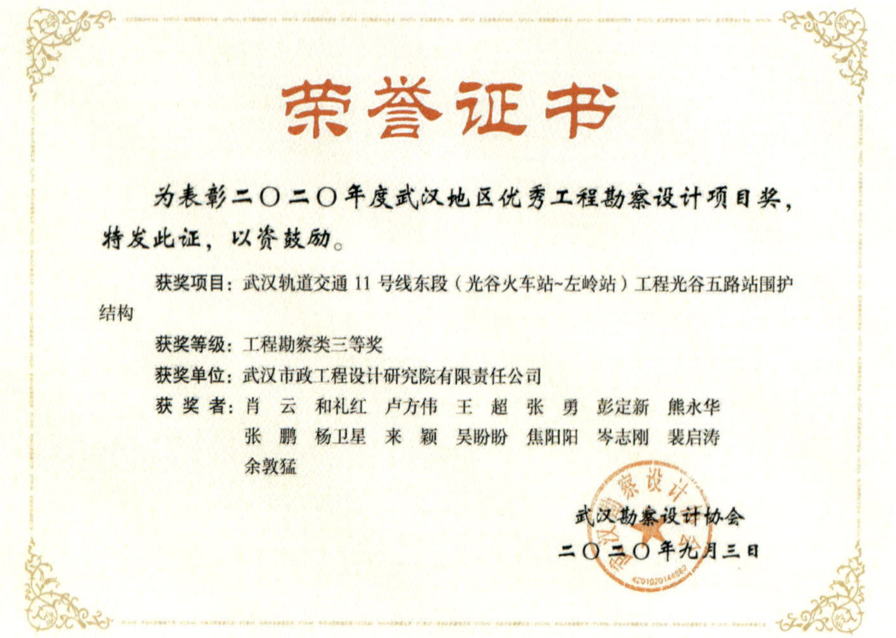

荣誉证书

为表彰二〇二〇年度武汉地区优秀工程勘察设计项目奖，特发此证，以资鼓励。

获奖项目：武汉轨道交通 11 号线东段（光谷火车站~左岭站）工程光谷五路站围护结构

获奖等级：工程勘察类三等奖

获奖单位：武汉市政工程设计研究院有限责任公司

获 奖 者：肖　云　和礼红　卢方伟　王　超　张　勇　彭定新　熊永华　张　鹏　杨卫星　来　颖　吴盼盼　焦阳阳　岑志刚　裴启涛　余敦猛

武汉勘察设计协会

二〇二〇年九月三日

图 6－22　武汉轨道交通 11 号线东段(光谷火车站—左岭站)工程光谷五路站围护结构获 2020 年度武汉地区优秀工程勘察设计项目奖工程勘察类三等奖荣誉证书

图 6－23　武汉轨道交通 11 号线东段(光谷火车站—左岭站)工程光谷五路站围护结构基坑现场开挖及施工照片

第十节　雅安街—文荟街排水箱涵工程(巡司河—崇文路)——文荟街下穿通道基坑支护工程

1. 基坑特征及难点

文荟街下穿通道工程位于洪山区文荟街，沿文荟街布置，下穿武汉理工大学，为双向4车道的机动车道通道。通道基坑总长约880m，宽度20.6～22.0m，深度0.5～16m。场地地层条件较差，基坑范围内主要分布填土、软塑状黏土、粉质黏土等，软弱土较厚。

通道基坑附近分布有学校图书馆、教学楼等多栋建筑物，同时紧邻通道两侧的拟建箱涵需提前通水运营。施工通道基坑时，需保证两侧箱涵及周边学校建筑物的安全，对基坑的稳定性及变形要求高。通道基坑为雅安街—文荟街道路改造的控制性节点工程，工期紧张。基坑工程重要性等级为一级。

2. 基坑支护关键技术

针对上述基坑特征及难点，基坑支护采用悬臂SMW工法桩、SMW工法桩＋1～2道内支撑、钻孔灌注桩＋2～3道内支撑、局部被动区土体加固等多种支护方式进行支护。第一道支撑为钢筋混凝土支撑，第二道支撑为钢筋混凝土支撑或钢支撑，第三道支撑为钢支撑。支护方案经济、可靠。

通道基坑两侧拟建箱涵需提前通水运营，且通道基坑距离箱涵结构很近，净距0.5～1.2m，同时，通道的泵房、配电间等附属结构均位于箱涵下方，因此基坑支护统筹考虑了箱涵、通道附属结构及主通道的相互影响，采用了先箱涵、通道附属结构后主通道的分期支护开挖的设计方案。一期施工箱涵及通道附属结构，二期施工主通道。

支护结构充分考虑了两期支护共用、变形控制、衔接破除等影响因素，采用多种支护方式保证了箱涵按期安全通水及周边学校建筑物的稳定与安全。

3. 技术贡献与发展

(1)在一定条件下，通道基坑周边存在箱涵、管道等地下构筑物不影响通道基坑支护及结构的施工。基坑支护采取有效措施可确保箱涵、管道等地下构筑物的稳定、安全与运行。

(2)发展、丰富了SMW工法桩在城市通道基坑支护工程中的应用。

本工程于2021年荣获武汉地区优秀勘察设计项目工程勘察组二等奖(图6-24)、湖北省勘察设计成果评价工程勘察三等成果(图6-25)。图6-26～图6-29为基坑现场开挖及施工照片。

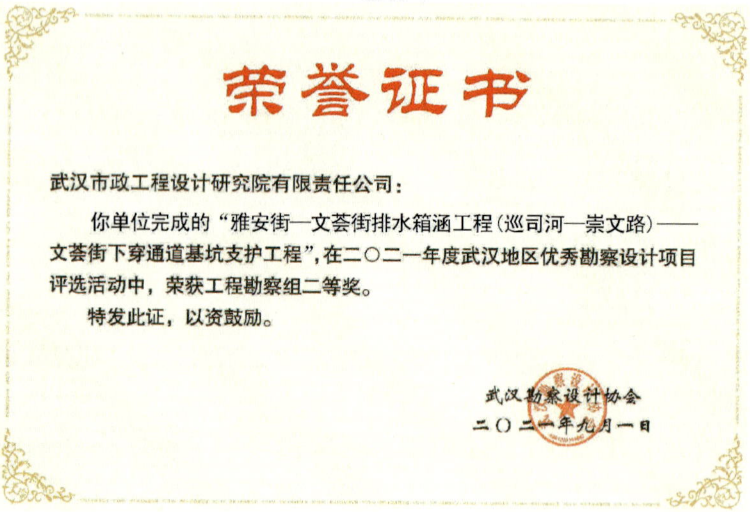

荣誉证书

武汉市政工程设计研究院有限责任公司：

你单位完成的“雅安街—文荟街排水箱涵工程（巡司河—崇文路）——文荟街下穿通道基坑支护工程”，在二〇二一年度武汉地区优秀勘察设计项目评选活动中，荣获工程勘察组二等奖。

特发此证，以资鼓励。

武汉勘察设计协会

二〇二一年九月一日

图 6-24　雅安街—文荟街排水箱涵工程（巡司河—崇文路）——文荟街下穿通道基坑支护工程获 2021 年度武汉地区优秀勘察设计项目工程勘察组二等奖荣誉证书

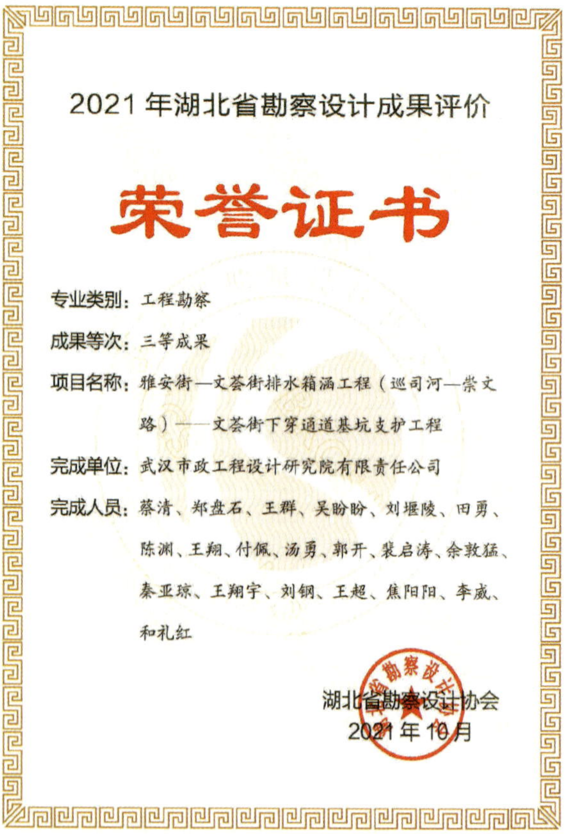

2021 年湖北省勘察设计成果评价

荣誉证书

专业类别：工程勘察

成果等次：三等成果

项目名称：雅安街—文荟街排水箱涵工程（巡司河—崇文路）——文荟街下穿通道基坑支护工程

完成单位：武汉市政工程设计研究院有限责任公司

完成人员：蔡清、郑盘石、王群、吴盼盼、刘堰陵、田勇、陈渊、王翔、付佩、汤勇、郭开、裴启涛、余敦猛、秦亚琼、王翔宇、刘钢、王超、焦阳阳、李威、和礼红

湖北省勘察设计协会

2021 年 10 月

图 6-25　雅安街—文荟街排水箱涵工程（巡司河—崇文路）——文荟街下穿通道基坑支护工程获 2021 年湖北省勘察设计成果评价工程勘察三等成果荣誉证书

图 6-26 雅安街—文荟街排水箱涵工程(巡司河—崇文路)——文荟街下穿通道基坑支护工程基坑现场开挖及施工照片(一)

图 6-27 雅安街—文荟街排水箱涵工程(巡司河—崇文路)——文荟街下穿通道基坑支护工程基坑现场开挖及施工照片(二)

图 6-28 雅安街—文荟街排水箱涵工程(巡司河—崇文路)——文荟街下穿通道基坑支护工程基坑现场开挖及施工照片(三)

图 6-29 雅安街—文荟街排水箱涵工程(巡司河—崇文路)——文荟街下穿通道基坑支护工程下穿通道建成后样貌

第十一节　烽火路(八坦路—滨河路)工程

1. 道路地基特征及难点

工程场地位于武汉市洪山区白沙洲大道东侧烽火村，呈南北走向，北起八坦路，止于滨河路。沿线原始地貌单元为剥蚀堆积平原及湖泊堆积区，道路土层不均匀，分布有深厚的淤泥及淤泥质土等软弱土，软弱土厚度大部分为6～14m，局部最深达20m。本工程道路为主干路，红线宽度40m，道路路堤填方高度2～4m，道路设计有污水管道、雨水管涵等多条市政管线，一般路基段工后沉降控制标准为不大于20cm。

2. 深层路基处理关键技术

本工程沿线进行了深层和浅层路基处理，其中深层路基处理长度约2070m，占道路总长约68%。

针对道路地基特征及难点，通过对施工工期、工后沉降、适用条件、经济性等各方面进行比较，并结合附近相关工程软基处理经验，本工程对软弱土路基分段采用了多种深层路基处理方案：

(1)分布有深厚软弱土及淤泥较深路段采用预应力混凝土管桩进行处理，管桩直径0.4m，间距2.0～2.3m，正方形布置，桩顶以上设置0.3m厚度的级配碎石垫层加两层土工格栅。

(2)分布有较厚软弱土且淤泥较浅路段采用了钉形水泥土双向搅拌桩进行处理，桩体直径0.6m，扩大头直径1.0m，间距1.8～2.1m，正方形布置，桩顶以上设置0.3m厚度的级配碎石垫层加一层土工格栅。

(3)分布有不太厚的软弱土路段采用双向水泥土搅拌桩进行处理，桩体直径0.6m，间距1.3～1.5m，正方形布置，桩顶以上设置0.3m厚度的级配碎石垫层加一层土工格栅。

本工程路基处理涉及管桩、钉形水泥土双向搅拌桩、双向水泥土搅拌桩和浅层换填等多种路基处理方式，不同路基处理方式衔接段采用了增设土工格栅等衔接及过渡措施，保证路基沉降均匀；统筹考虑了污水管道、雨水管涵等多条市政管涵的空间分布及相互关系，保证了路基处理施工与市政管涵施工的有效衔接，避免了两者施工之间的不利影响和干扰。

3. 技术贡献与发展

(1)在城市道路深层路基处理中，率先使用了钉形水泥土双向搅拌桩及双向水泥土搅拌桩技术，该技术具有较大的适用范围及经济优势。

(2)积累了预应力混凝土管桩在城市道路深层路基处理中的成功应用经验，丰富、发展了刚性桩复合地基的性能及理论研究。

(3)总结出了城市道路路基处理施工与市政管涵施工之间的联系与统筹方法。

本工程于2021年荣获武汉地区优秀勘察设计项目市政公用工程组二等奖(图6-30)。图6-31、图6-32为该工程现场施工照片及道路竣工后样貌。

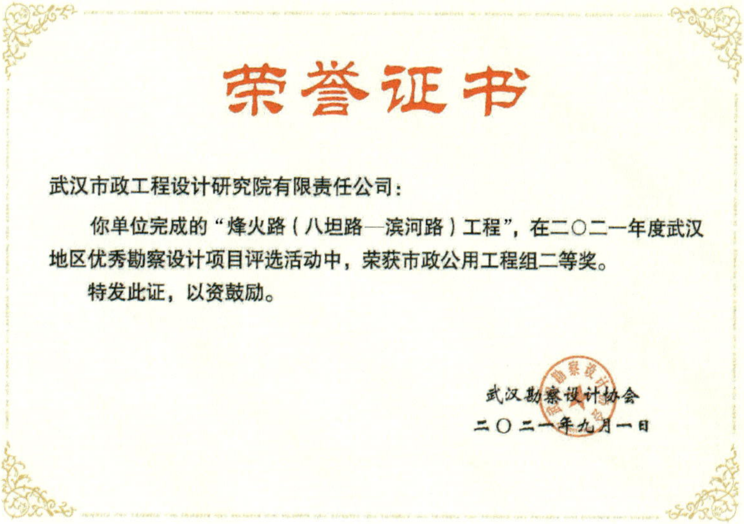

荣誉证书

武汉市政工程设计研究院有限责任公司：

你单位完成的“烽火路（八坦路—滨河路）工程”，在二〇二一年度武汉地区优秀勘察设计项目评选活动中，荣获市政公用工程组二等奖。

特发此证，以资鼓励。

武汉勘察设计协会

二〇二一年九月一日

图 6-30　烽火路(八坦路—滨河路)工程
武汉地区优秀勘察设计项目市政公用工程组二等奖荣誉证书

图 6-31　烽火路(八坦路—滨河路)工程
现场施工照片

图 6-32　烽火路(八坦路—滨河路)工程
道路竣工后样貌

第十二节　巡司河第二出江泵站基坑支护工程

1. 基坑特征及难点

该泵站基坑工程主要设计内容为堤内泵站工程及出江工程，包含站区内进水箱涵、自排箱涵基坑支护，进水闸、进水间、格栅间、前池、泵房基坑支护，站区内排水管道沟槽基坑支护，出江管道基坑支护等。该工程建设关键节点是主泵房区域基础工程及基坑工程施工。

主泵房区基坑开挖面积约 13 000m²，工程桩 900 多根，止水帷幕周长 520m，基坑深 11.2～15.8m。基坑特征及难点如下：

（1）紧邻长江干堤，设计及施工需满足长江堤防管理要求，环境保护要求高。

（2）基坑工程处于长江一级阶地，分布有深厚砂性土，承压水丰富，工程地质条件复杂，且基坑开挖深度较深，最深约 15.8m，施工风险高。

（3）按照行业规定，长江堤防附近汛期不得进行桩基及基坑开挖施工，本工程桩基础施工、基坑开挖和地下结构施工需要在一个枯水季节完成，工期紧张。

2. 基坑支护关键技术

针对上述基坑特征及难点，经过充分研究与论证，为保证安全、节约工期、方便施工，尽量统一施工设备类型、优化施工工艺、降低施工组织难度，本主泵房区基坑采用大直径灌注桩＋1 道钢筋混凝土内支撑进行支护，基坑侧壁采用 CSM 工法深层水泥土搅拌墙止水帷幕，坑内设置管井深井降水。大直径灌注桩直径为 1.6m，间距 1.9m；钢筋混凝土内支撑宽 1.0m，高 1.0m；CSM 工法深层水泥土搅拌墙厚度 0.8m，深度 40.0m。

3. 技术贡献与发展

（1）在武汉地区长江一级阶地大型超深基坑中首次采用大直径钻孔灌注桩＋1 道钢筋混凝土内支撑支护技术。

（2）在武汉市政工程领域，首次采用 CSM 工法深层水泥土搅拌墙止水帷幕技术。

（3）开创了在一个枯水季节完成大型临江泵站基坑、结构及设备安装施工直至通水运营的先例。

本工程于 2021 年荣获武汉地区优秀勘察设计项目市政公用工程组一等奖（图 6－33）。图 6－34～图 6－36 为基坑现场开挖及施工照片。

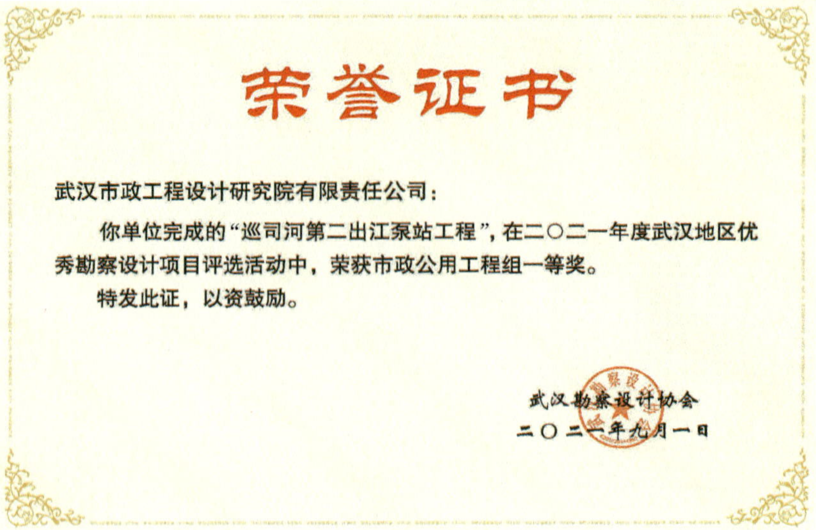

荣誉证书

武汉市政工程设计研究院有限责任公司：

你单位完成的“巡司河第二出江泵站工程”，在二〇二一年度武汉地区优秀勘察设计项目评选活动中，荣获市政公用工程组一等奖。

特发此证，以资鼓励。

武汉勘察设计协会

二〇二一年九月一日

图 6－33　巡司河第二出江泵站基坑支护工程

获 2021 年度武汉地区优秀勘察设计项目市政公用工程组一等奖荣誉证书

图 6-34　巡司河第二出江泵站基坑支护工程基坑现场开挖及施工照片(一)

图 6-35　巡司河第二出江泵站基坑支护工程基坑现场开挖及施工照片(二)

图 6-36　巡司河第二出江泵站基坑支护工程基坑现场开挖及施工照片(三)

第十三节　黄家湖大道(滨河路—洪山江夏交界处)工程

1. 道路地基特征及难点

工程场地位于武汉市洪山区黄家湖大道,呈南北走向,北起滨河路,止于洪山江夏交界处。沿线原始地形为耕地及水塘，现为现状道路，道路土层不均匀，分布有深厚的淤泥及淤泥质土等软弱土。软弱土厚度大部分为4～10m，局部最深达到18m。本工程道路为主干路，红线宽度60m，道路路堤填方高度2～3m，道路工后沉降控制为不大于20cm。道路设计有污水管道、雨水管涵等多条市政管线，道路工后沉降控制标准一般路基段不大于20cm，桥台处不大于10cm。

2. 深层路基处理关键技术

本工程沿线进行了深层和浅层路基处理，其中深层路基处理长度约400m，占道路总长约40％。

针对道路地基特征及难点，通过对施工工期、工后沉降、适用条件、经济性等各方面比较，并结合附近相关工程软基处理经验，本工程对软弱土路基分段采用了多种深层路基处理方案：

（1）分布有深厚软弱土及淤泥较深路段采用了预应力混凝土管桩进行处理，管桩直径0.4m，间距2.0～2.3m，正方形布置，桩顶以上设置0.3m厚度的级配碎石垫层＋2层土工格栅。

（2）桥台衔接路段采用了预应力混凝土管桩进行处理，管桩直径0.4m，间距2.0m，正方形布置，桩顶以上设置0.3m厚度的级配碎石垫层＋2层土工格栅。

（3）施工净空受限路段采用了高压双管旋喷桩进行处理，桩体直径0.6m，间距1.8m，正方形布置，桩顶以上设置0.3m厚度的级配碎石垫层＋1层土工格栅。

本工程路基处理涉及管桩、高压双管旋喷桩和浅层换填等多种路基处理方式，不同路基处理方式衔接段采用了增设土工格栅等衔接及过渡措施，保证路基沉降均匀。

本工程路基处理统筹考虑了污水管道、雨水管涵等多条市政管涵的空间分布及相互关系，保证了路基处理施工与市政管涵施工的有效衔接，避免了两者施工之间的不利影响和干扰。

3. 技术贡献与发展

（1）积累了预应力混凝土管桩在城市道路桥台衔接路段进行深层路基处理的成功应用经验，丰富、发展了刚性桩复合地基的性能及理论研究。

（2）总结出了城市道路路基处理施工与保持市政交通之间的联系及统筹方法。

本工程于2021年荣获武汉地区优秀勘察设计项目市政公用工程组三等奖（图6－37）。图6－38为预应力混凝土管桩照片，图6－39、图6－40为现场钢筋混凝土托板施工照片，图6－41为道路竣工后样貌。

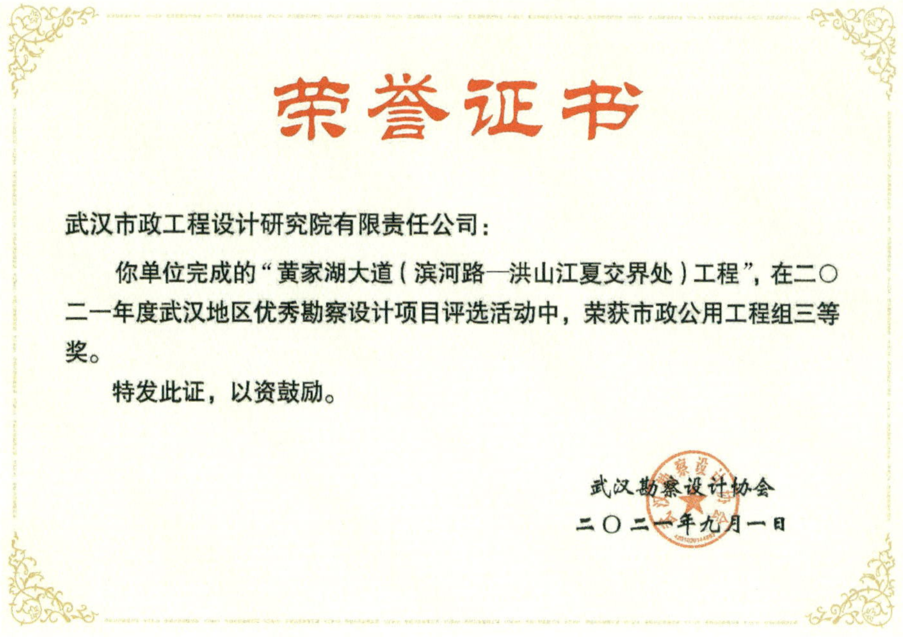

荣誉证书

武汉市政工程设计研究院有限责任公司：

你单位完成的"黄家湖大道（滨河路—洪山江夏交界处）工程"，在二〇二一年度武汉地区优秀勘察设计项目评选活动中，荣获市政公用工程组三等奖。

特发此证，以资鼓励。

武汉勘察设计协会
二〇二一年九月一日

图 6 - 37　黄家湖大道(滨河路—洪山江夏交界处)工程
获 2021 年度武汉地区优秀勘察设计项目市政公用工程组三等奖荣誉证书

图 6 - 38　黄家湖大道(滨河路—洪山江夏交界处)工程预应力混凝土管桩

图 6 - 39　黄家湖大道(滨河路—洪山江夏交界处)工程现场钢筋混凝土托板施工照片(一)

图 6-40　黄家湖大道（滨河路—洪山江夏交界处）工程现场钢筋混凝土托板施工照片（二）

图 6-41　黄家湖大道（滨河路—洪山江夏交界处）工程道路竣工后样貌

第十四节　大东湖核心区污水传输系统工程（岩土工程）

1. 基坑特征及难点

本基坑工程主要包括以下两个方面：

（1）污水传输隧道竖井基坑。主隧全线共有竖井 9 个，基坑深度 32.8～51.5m，平面形状为圆形或矩形，基坑长度或直径 11～49m；支隧全线共有 2 个竖井，基坑深度 22.2～33.7m，平面形状为圆形，基坑直径 13.2～14.6m。

（2）地表完善系统。沙湖污水提升泵站基坑、二郎庙预处理站基坑、落步咀预处理站基坑、武东预处理站基坑及相关配套管网基坑，基坑深度 5.9～13.8m，单体基坑开挖面积 2200～4200m^2；相关配套管网所涉及的管道、箱涵等基坑总长度约 10km，基坑深度 3m～11.5m。主隧道及支隧道竖井基坑均为超深基坑，大部分地段位于长江一级阶地，上部土层较软弱，地下水较丰富；地下综合预处理站基坑平面多为不规则多边形，开挖深度差异较大，基坑支护结构受力不规则。单体基坑数量多，管涵基坑线路长，周边环境复杂及风险源多，基坑工程重要性等级均为一级。

2. 基坑支护关键技术

针对上述基坑特征及难点，对于污水传输隧道竖井基坑，位于长江一级阶地地段的竖井基坑采用 1.2m 厚地下连续墙＋7～9 层钢筋混凝土内支撑进行支护；位于长江三级阶地地段的竖井基坑采用直径 1～1.5m 的钻孔灌注桩＋8～10 层钢筋混凝土内支撑进行支护。基坑侧壁采用了 CSM 工法水泥土搅拌墙、双管旋喷桩、高压喷射注浆、袖阀管注浆等多种侧壁止水措施。

对于泵站基坑、预处理站基坑及相关配套管网基坑主要采用钻孔灌注桩及拉森钢板桩＋内支撑的支护型式进行支护；长江一级阶地区域的基坑，地下水控制主要采用悬挂式止水帷幕＋管井深井降水措施。

3. 技术贡献与发展

(1)超深竖井基坑采用了多种平面型式内支撑布置技术。结合竖井功能需求及受力情况，竖井采用了圆形、方形和长条形等多种平面结构形式。圆形竖井基坑采用了圆环形环框梁布置形式，方形竖井基坑采用了外方内圆型环框梁或环框板布置形式，矩形竖井基坑一般采用矩形环框梁布置形式，长宽比较大的长条形基坑采用环框梁加对顶撑布置形式。环框梁主要通过调整其形状、截面尺寸来优化内支撑受力，可最大限度减少对撑，使基坑内部使用空间更开阔、方便；隧道出入洞口可预留足够的施工空间，保证了基坑、盾构及结构的顺利实施。

(2)基坑内部深厚软弱土体预加固技术。主隧某竖井基坑深度 34.8m，井位下部存在 18m 厚淤泥质粉质黏土层，该土层承载力特征值 65kPa，抗剪强度黏聚力值 11kPa，内摩擦角 5°。按常规基坑设计方法，围护结构变形达 52mm，同时基坑围护桩及支撑内力较大，风险较高。设计采用基坑内部淤泥质粉质黏土层预加固处理方案，提高土体强度。虽然该加固区域后期在基坑开挖过程中会逐步分层挖除，但经过土体加固后，在基坑分层开挖过程中，围护结构变形能得到有效控制，可控制在 40mm 以内，同时支护桩及支撑内力大幅降低，减少了支护结构断面及尺寸，节省了投资。

(3)上软下硬复杂地层特殊施工工法。本工程基坑深度普遍大于 30m，多数基坑上部土层软弱，下部为坚硬基岩，部分基坑支护结构穿岩深度较大。例如主隧 6＃竖井基坑深度 43.4m，地下连续墙深度 51.5m，地下连续墙穿岩段长度达 28～31m。对于上部地层软弱、下部地层坚硬的上软下硬地层，工程实施有较大难度。在此类地层中地下连续墙成槽施工时，使用单一机械设备成槽，存在施工速度缓慢、机械设备磨损大、施工成本高等问题。为了解决以上问题，设计率先提出了一种成槽特殊施工工法，即采用冲击钻机、旋挖钻机、抓斗成槽机、铣槽机组合成槽，确保成槽质量，并形成流水作业，提高成槽工效。这种上软下硬复杂地层特殊施工工法不仅缩短了施工工期，而且质量可靠、造价适宜。

上述技术与工法提高了超深基坑的设计与施工水平。本工程于 2021 年荣获中国市政工程协会综合管廊建设及地下空间利用专业委员会第二届地下空间创新大赛优秀设计项目第一名、2022 年度湖北省勘察设计成果评价认定成果工程勘察一等成果(图 6－42)。图 6－43～图 6－46 分别为现场矩形、圆形、外方内圆形、长条形基坑照片。

2022年度湖北省勘察设计成果评价认定成果

荣誉证书

专业类别：工程勘察

成果等次：一等成果

项目名称：大东湖核心区污水传输系统工程（岩土工程）

完成单位：武汉市政工程设计研究院有限责任公司
中铁第四勘察设计院集团有限公司
泛华建设集团有限公司

完成人员：陈建斌、郑卫国、代昂、蔡清、和礼红、刘堰陵、郭开、郑盘石、吴志高、彭定新、卢方伟、余敦猛、张鹏、焦阳阳、焦齐柱、周兵、孙峰、王松林、郭磊、周朋

湖北省勘察设计协会
2023年3月

图6-42　大东湖核心区污水传输系统工程(岩土工程)
获2022年度湖北省勘察设计成果评价认定成果工程勘察一等成果荣誉证书

图6-43　大东湖核心区污水传输系统工程(岩土工程)现场矩形基坑照片

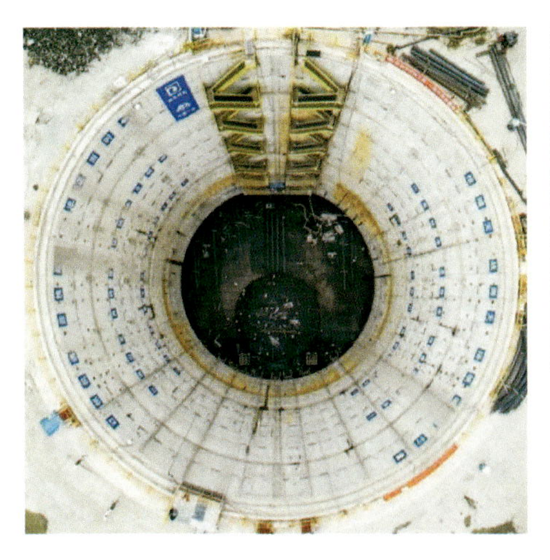

图 6-44 大东湖核心区污水传输系统工程(岩土工程)现场圆形基坑照片

图 6-45 大东湖核心区污水传输系统工程(岩土工程)现场外方内圆形基坑照片

图 6-46 大东湖核心区污水传输系统工程(岩土工程)现场长条形基坑照片

第十五节 公安县城区雨污分流工程——孱陵片区排水泵站基坑支护工程

1. 基坑特征及难点

(1)孱陵泵站为雨污合建,基坑面积约 2000m²,周长约 400m,深度 9.5～12.5m,深度较深。

(2)基坑范围内主要分布填土、粉土粉砂互层及粉砂层,透水性强。工程地质条件复杂,对基坑侧壁止水要求高。

(3)本基坑临近现状房屋、渠道和现状道路,房屋距离基坑最近约 2.4m,现状杨马渠距离基坑最近约 5m。基坑周边环境复杂,对基坑变形控制要求高。

(4)本工程工期紧张,雨污水泵站采用同步开挖共用支护桩,节省施工工期。

(5)本基坑工程重要性等级为一级。

2. 基坑支护关键技术

针对上述基坑特征及难点，主要基坑支护关键技术如下：

（1）基坑东侧房屋距离基坑边线最近仅 2.4m，基坑采用钻孔灌注桩＋2 道钢筋混凝土内支撑支护，采用底板换第二道支撑，顶板换第一道支撑的方式，有效控制了支护结构位移，保证了基坑及周边房屋的安全。

（2）基坑侧壁主要采用了 SMW 三轴水泥土搅拌桩止水帷幕技术、局部双管高压旋喷桩止水措施。

（3）污水泵房基坑底部采用了设备小、施工灵活的双管高压旋喷桩进行加固。

3. 技术贡献与发展

（1）作为公安县首个雨污合建泵站深基坑工程，设计方案确保了基坑及周边环境的稳定与安全。

（2）在公安县率先采用了 SMW 三轴水泥土搅拌桩止水帷幕技术，发展了其应用地域及场景。

本工程于 2023 年荣获武汉地区优秀勘察设计奖工程勘察组岩土工程技术服务三等奖（图 6－47）。图 6－48～图 6－51 为基坑现场开挖及施工照片。

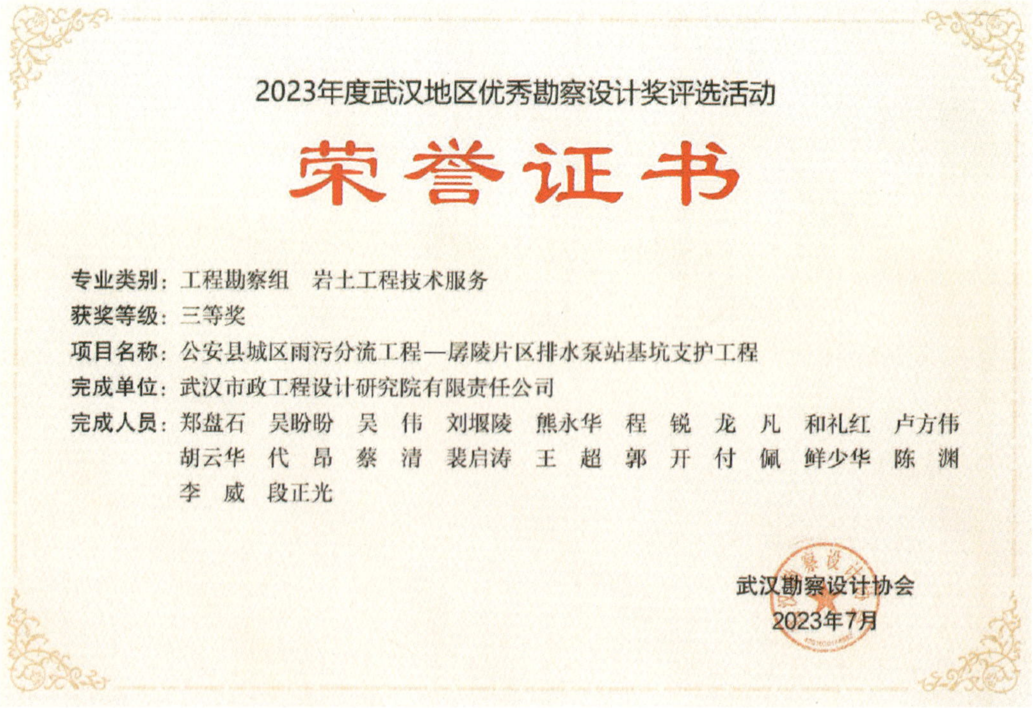

2023年度武汉地区优秀勘察设计奖评选活动

荣誉证书

专业类别：工程勘察组　岩土工程技术服务
获奖等级：三等奖
项目名称：公安县城区雨污分流工程—孱陵片区排水泵站基坑支护工程
完成单位：武汉市政工程设计研究院有限责任公司
完成人员：郑盘石　吴盼盼　吴　伟　刘堰陵　熊永华　程　锐　龙　凡　和礼红　卢方伟　胡云华　代　昂　蔡　清　裴启涛　王　超　郭　开　付　佩　鲜少华　陈　渊　李　威　段正光

武汉勘察设计协会
2023年7月

图 6－47　公安县城区雨污分流工程——孱陵片区排水泵站基坑支护工程
获 2023 年度武汉地区优秀勘察设计奖工程勘察组岩土工程技术服务三等奖荣誉证书

图 6-48 公安县城区雨污分流工程——孱陵片区排水泵站基坑支护工程基坑现场开挖及施工照片(一)

图 6-49 公安县城区雨污分流工程——孱陵片区排水泵站基坑支护工程基坑现场开挖及施工照片(二)

图 6-50 公安县城区雨污分流工程——孱陵片区排水泵站基坑支护工程基坑现场开挖及施工照片(三)

图 6-51 公安县城区雨污分流工程——孱陵片区排水泵站基坑支护工程基坑现场开挖及施工照片(四)

第十六节　北湖污水处理厂及其附属工程——深隧泵房基坑支护工程

(一)基坑特征及难点

1. 基坑工程设计主要内容

深隧泵房地下为泵房区,地上 4 层,采用筏板基础,基坑面积约 2000m²,周长约 210m,

呈不规则的乒乓球拍形，圆形直径约46m。基坑普挖深度46.35m，坑中坑深度48.3m。预留竖井基坑面积约120m^2，周长约44m，呈规则的方形，深度38.45m。

2. 主要工程问题及技术难点

（1）基坑深度大。基坑深度38.45～48.30m。

（2）工程地质条件较差。基坑位于一级阶地，侧壁土层较差，有较厚的淤泥质黏土层。

（3）周边环境条件复杂。北侧紧邻在建二沉池。

（4）地下水。基坑侧壁有深厚的粉土、粉细砂和细砂层等含水层。根据勘察报告地下水量较丰富，对基坑影响较大。

（5）基坑形状特别。泵房区为开口的标准圆形，汇流井区为长方形。

（二）基坑支护关键技术

1. 基坑支护设计

（1）泵房区。地下连续墙结合内衬墙逆作法。内衬墙既作为泵房的主体结构外壁，又作为基坑的内支撑，两墙合一。地下连续墙深度56m，厚度1.5m，内衬墙自上而下厚度为1.2～2.0m。

（2）汇流井区。采用地下连续墙结合十一道钢筋混凝土内支撑支护。地下连续墙深度56m，厚度1.5m。内支撑竖向间距3.5～4.0m，第一道内支撑截面BH=1.2m×1.0m，支撑在冠梁上；第二至第五道内支撑截面BH（B为宽度；H为高度）=1.3m×1.1m；第六、第十一道内支撑截面BH=1.4m×1.2m；第七至第十道内支撑截面BH=1.6m×1.2m，均支撑在汇流井逆作泵房侧壁上。

（3）预留竖井。采用地下连续墙结合九道钢筋混凝土内支撑支护。地下连续墙深度48m，厚度1.5m。内支撑竖向间距3.5～4.0m，第一道内支撑截面BH=1.7m×1.2m；第二、三道内支撑截面BH=1.2m×1.0m；第五至第八道内支撑截面BH=1.5m×1.3m；第四、第九道内支撑截面BH=1.5m×1.2m。

2. 地下水治理设计

（1）地下连续墙封水措施。地下连续墙采用铣接法接头，该方法具有止水效果，地下连续墙底部进入中风化泥质粉砂岩15～30m，根据地质勘察报告，基岩裂隙水贫乏。因此，地下连续墙自身可以形成5面封水效果。

（2）地下连续墙接头注浆封水（施工预案，需要时采用）。根据地下连续墙施工质量和检查情况，采用最新三维声纳检测地下连续墙接头漏水情况，如局部漏水，则在槽段间接缝处外侧采用高压注浆封水处理。

（3）采用CSM水泥土搅拌墙止水。在地下连续墙外侧3.6m设置厚800mm、深38mCSM水泥土搅拌墙止水帷幕隔水。水泥掺量为20%，每立方米被搅拌土体中水泥掺量约 360kg，墙体渗透系数不大于 1×10^{-7}cm/s。

(4)基坑内外降排水设计。深隧泵房区内部布置 4 口管井、汇流井区布置 1 口管井进行坑内疏干降水。沿着基坑边线，在基坑外侧和 CSM 止水帷幕之间布置 16 口管井兼作观测井进行疏干降水。

(5)基坑外减压降水。基坑止水帷幕外侧布置 9 口减压降水井兼观测井。根据季节水位变化和基坑变形情况，在外侧按需降水，减小基坑水土压力。

地下水治理设计形成了地下连续墙和 CSM 帷幕两层隔水系统，确保基坑不渗水漏水；基坑内和止水帷幕内两层疏干降水系统，保证基坑内干燥，便于挖土。帷幕外设置减压降水井，丰水期或者基坑开挖深度较大，基坑变形较大时，进行减压降水，减小基坑水土压力，控制基坑变形。

(三)技术贡献与发展

1. 超深基坑地下水治理结构及方法

本工程地下水治理结构及方法包括两层隔水系统及三层降水系统，第一层隔水系统为具有自隔水性能的铣接法地下连续墙，该地下连续墙穿过承压含水层进入底下基岩层或者稳定隔水层，具有 5 面封水效果；第二层隔水系统为距离地下连续墙 3～5m 设置 800mm 厚的 CSM 止水帷幕，帷幕穿过承压含水层进入隔水层；第一降水体系在基坑内布置一定数量疏干降水井；第二降水体系在两层隔水系统之间设置水位观测兼疏干降水井；第三降水体系在止水帷幕外侧设置若干减压降水井，枯水期或基坑开挖较浅时可不启动降水，丰水期或者基坑开挖深度较大，基坑变形较大时，进行减压降水，减小基坑水土压力，控制基坑变形。该结构方法可有效保证超深基坑的止水效果，满足支护结构的安全稳定性要求，并能动态监测，根据实际施工进度及季节动态调整，按需降水，是一种安全可靠的超深基坑地下水治理结构及方法。

2. 无内支撑的大直径圆形超深基坑逆作结构及方法

本基坑支护工程充分发挥圆形基坑的特点，地下连续墙与内衬墙结合形成围护体系，其中地下连续墙和内衬墙均为圆筒状，内衬墙既作为泵房的主体结构外壁，又作为基坑的内支撑，两墙合一逆作，同时贴合于地下连续墙内壁并相互连接成为一体。结合内衬墙逆作的特点，基坑内土方采用中心岛式和盆式交替开挖方法。该结构及方法为土方开挖、运输以及后期主体结构施工提供了更大的施工空间，提高了施工效率，缩短了工期，节约了造价。

本工程于 2023 年荣获湖北省勘察设计成果评价认定成果工程勘察一等成果(图 6－52)。图 6－53～图 6－61 为基坑现场开挖及施工照片。

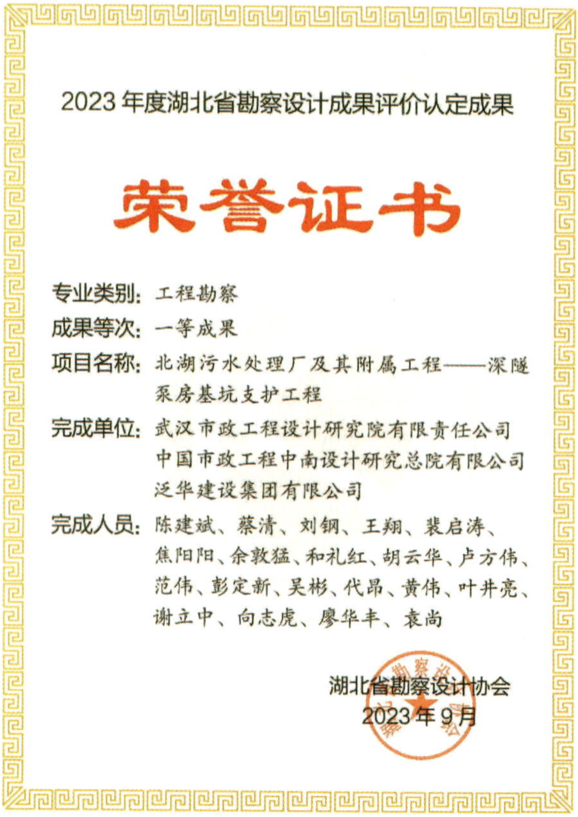

2023年度湖北省勘察设计成果评价认定成果

荣誉证书

专业类别：工程勘察

成果等次：一等成果

项目名称：北湖污水处理厂及其附属工程——深隧泵房基坑支护工程

完成单位：武汉市政工程设计研究院有限责任公司
中国市政工程中南设计研究总院有限公司
泛华建设集团有限公司

完成人员：陈建斌、蔡清、刘钢、王翔、裴启涛、焦阳阳、余敦猛、和礼红、胡云华、卢方伟、范伟、彭定新、吴彬、代昂、黄伟、叶井亮、谢立中、向志虎、廖华丰、袁尚

湖北省勘察设计协会
2023年9月

图 6－52　北湖污水处理厂及其附属工程——深隧泵房基坑支护工程
获2023年度湖北省勘察设计成果评价认定成果工程勘察一等成果荣誉证书

图 6－53　北湖污水处理厂及其附属工程——深隧泵房基坑支护工程基坑导墙施工

图 6－54　北湖污水处理厂及其附属工程——深隧泵房基坑支护工程抓斗施工

图 6－55　北湖污水处理厂及其附属工程——深隧泵房基坑支护工程铣槽机施工

图 6－56　北湖污水处理厂及其附属工程——深隧泵房基坑支护工程钢筋笼吊装施工

图 6－57　北湖污水处理厂及其附属工程——深隧泵房基坑支护工程土方开挖施工

图 6－58　北湖污水处理厂及其附属工程——深隧泵房基坑支护工程内衬墙施工

图 6－59　北湖污水处理厂及其附属工程——深隧泵房基坑支护工程基坑开挖过程(一)

图 6－60　北湖污水处理厂及其附属工程——深隧泵房基坑支护工程基坑开挖过程(二)

图 6－61　北湖污水处理厂及其附属工程——深隧泵房基坑支护工程结构底板施工

第十七节　江南中心绿道武九线综合管廊工程（友谊大道—建设十路）（岩土工程）

（一）基坑特征及难点

1. 基坑工程设计内容

综合管廊基坑包括主线和支线两个部分，主线基坑全长约 13.24km，沿武九铁路北环线布置，起于友谊大道，止于建设十路；支线基坑全长约 3.0km，沿德平路布置，起于武九铁路，止于团结大道。管廊地貌单元大部分为长江一级阶地，建设十路尾端为长江三级阶地，基坑普遍深度 8.0～17.5m。

2. 主要工程问题及技术难点

（1）基坑超长、深度较深。管廊基坑长度全长约 16.24km，基坑深度普遍 8.0～17.5m。

（2）工程地质条件复杂。管廊地貌单元大部分为长江一级阶地，分布较深厚软土，场地下赋存承压含水层，地下水丰富，建设十路尾端为长江三级阶地，全线工程地质、水文地质条件变化较大。

（3）防洪要求高。基坑大部分临近长江大堤，基坑支护和开挖对堤防的保护要求较高。

（4）周边环境复杂。综合管廊穿越长江二桥、二七长江大桥，现状明渠 3 处，地铁 7 处并与多条现状道路相交，附近民房、高危管线较多，对周边环境保护要求较高。

(二)基坑支护关键技术

(1)管廊基坑支护设计分段采用了放坡、钢板桩、工法桩、灌注桩等多种支护形式,并采用了搅拌桩、高压旋喷桩、MJS 桩等多种水泥土桩作为止水帷幕或坑底加固,保证了基坑及周边环境的安全。

(2)根据管廊深度、与长江堤防的距离及地质条件,地下水治理设计采用了抗突涌封底、防渗封底、管井降水等多种地下水治理方式,并采取支护与管廊结构密贴、拔桩注浆等措施,保证了基坑及长江大堤的安全。

(3)基坑与既有余家头水厂的三根管道垂直相交,其中两根 DN(直径)2440mm 管道为余家头水厂主取水管,基坑支护结构及管道变形要求严格,且根据防洪评价要求,此段基坑不允许降水。设计采用管道间双排钻孔灌注桩+内支撑+MJS 侧壁土体加固+MJS 封底的支护措施,解决了与大直径管道交叉的深基坑支护结构难以封闭的技术难题,保证了基坑安全及管道的正常运营,相对矩形顶管穿越既有管道缩短了工期,节约了造价。

(4)建设六路—工业三路管廊基坑周边民房众多,淤泥质土较厚,基坑支护及帷幕要求较高,设计对临近 7~8 层房屋的管廊基坑采用三轴搅拌桩内插型钢支护,另外在外侧增加三轴搅拌桩帷幕并间隔内插型钢增加帷幕厚度和支护刚度,保证了基坑和周边房屋的安全。

(三)技术贡献与发展

1. 大直径管群下 MJS 工法基坑支护关键技术

管廊基坑在余家头水厂处与 3 根取水管道垂直相交,基坑支护结构及管道变形要求严格,且根据防洪评价要求,此段基坑不允许降水。针对大直径管群下开挖基坑,基坑支护设计在管道间设置双排钻孔灌注桩,灌注桩间设置 MJS 侧壁土体加固,坑底采用 MJS 封底,并设置两道钢筋混凝土内支撑,解决了与大直径管道交叉的深基坑支护结构难以封闭的技术难题,保证了基坑安全及管道的正常运营。

2. 双排三轴搅拌桩结合增强型钢桩垛支护技术

部分分段管廊基坑周边民房众多,淤泥质土较厚,基坑支护及帷幕要求较高,设计对临近敏感房屋的管廊基坑采用双排三轴搅拌桩内插型钢支护,其中内侧三轴搅拌桩型钢密插,外侧三轴搅拌桩型钢间隔 3.0m,相比常规 SMW 工法桩支护增加了帷幕厚度和支护刚度,有效保证了基坑和周边敏感房屋的安全,且较常规钻孔灌注桩更节约造价。

本工程于 2023 年荣获湖北省勘察设计成果评价认定成果工程勘察一等成果(图 6-62)。图 6-63~图 6-70 为基坑现场开挖及施工照片。

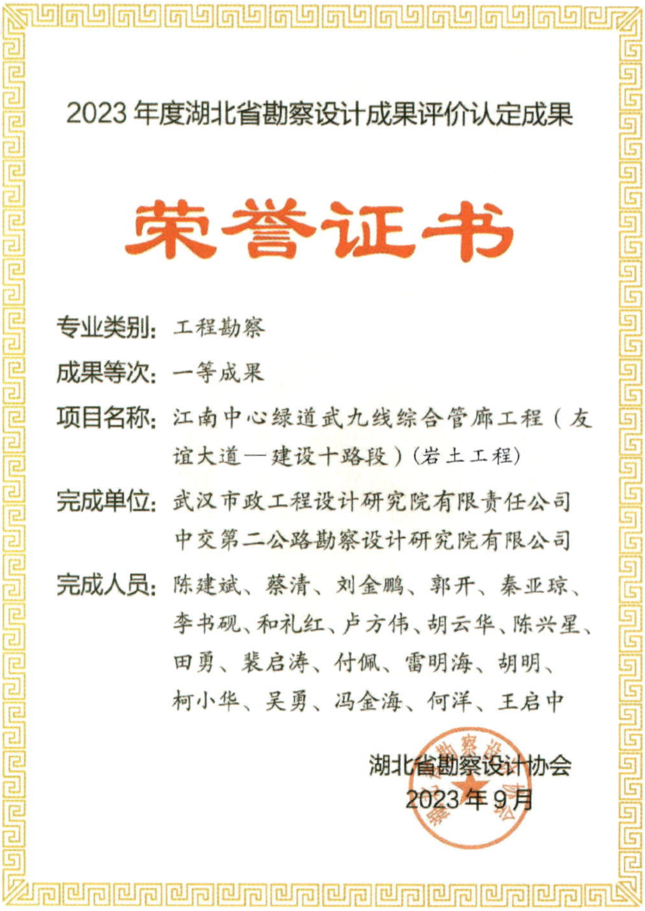

2023年度湖北省勘察设计成果评价认定成果

荣誉证书

专业类别： 工程勘察

成果等次： 一等成果

项目名称： 江南中心绿道武九线综合管廊工程（友谊大道—建设十路段）（岩土工程）

完成单位： 武汉市政工程设计研究院有限责任公司
中交第二公路勘察设计研究院有限公司

完成人员： 陈建斌、蔡清、刘金鹏、郭开、秦亚琼、李书砚、和礼红、卢方伟、胡云华、陈兴星、田勇、裴启涛、付佩、雷明海、胡明、柯小华、吴勇、冯金海、何洋、王启中

湖北省勘察设计协会
2023年9月

图6-62 江南中心绿道武九线综合管廊工程(友谊大道—建设十路)(岩土工程)获2023年度湖北省勘察设计成果评价认定成果工程勘察一等成果荣誉证书

图6-63 江南中心绿道武九线综合管廊工程友谊大道—建设十路)(岩土工程)管廊基坑开挖到底

图6-64 江南中心绿道武九线综合管廊工程友谊大道—建设十路)(岩土工程)管廊施工结构底板

图 6－65　江南中心绿道武九线综合管廊工程（友谊大道—建设十路）（岩土工程）管廊顶管井基坑

图 6－66　江南中心绿道武九线综合管廊工程（友谊大道—建设十路）（岩土工程）矩形顶管内部

图 6－67　江南中心绿道武九线综合管廊工程（友谊大道—建设十路）（岩土工程）穿越大直径管群管廊基坑（一）

图 6－68　江南中心绿道武九线综合管廊工程（友谊大道—建设十路）（岩土工程）穿越大直径管群管廊基坑（二）

图 6－69　江南中心绿道武九线综合管廊工程（友谊大道—建设十路）（岩土工程）管廊基坑航拍

图 6－70　江南中心绿道武九线综合管廊工程（友谊大道—建设十路）（岩土工程）管廊建成后内部照片

第十八节　樊西综合管廊一期工程(岩土工程)

(一)基坑特征及难点

1. 基坑工程设计内容

樊西综合管廊一期工程包括卧龙大道综合管廊和监控中心。卧龙大道综合管廊北起仇家沟路，南至乔营变电站，纳入的管线包括通信线缆、10kV电力电缆、110kV电力电缆、预留热力管道，采用双舱断面，两个舱室分别为缆线舱、热力舱。监控中心布置在卧龙大道与七里河路交叉口西北角的规划水淹七军公园内，建筑面积564.48m^2。该项目规模大，场地地质条件差，高压铁塔、管线、桥梁、房屋等敏感建(构)筑物多，周边交叉施工工程多，工期紧，要求高。管廊基坑宽度一般7.6～7.8m，长度约6.8km，普遍深度6.0～14.0m。

2. 主要工程问题及技术难点

(1)基坑超长、深度较深。管廊基坑长度全长约6.8km，普遍深度6.0～14.0m。

(2)工程地质条件复杂。管廊地貌单元属汉江二级阶地，地层圆砾层埋深较浅，场地下赋存承压含水层，地下水丰富。

(3)周边环境复杂。地面存在高压线、天桥及现状道路等建(构)筑物，地下给水、排水及燃气等各类管线较多，周边环境复杂，对周边环境保护要求较高。

(二)基坑支护关键技术

(1)基坑支护根据地质条件及周边环境分段采用钢板桩、型钢水泥土搅拌墙(抓斗成槽后注浆或三轴搅拌墙工艺)、钻孔灌注桩等多种支护方式，保证了基坑和周边环境的安全。

(2)本工程地质存在圆砾层，常规三轴搅拌桩在圆砾层中无法搅拌成桩，设计采用了抓斗成槽工艺，先使用成槽机将圆砾抓出，然后灌入搅拌水泥土，最后插入型钢，保证了支护桩在圆砾层中的嵌固深度。

(3)七里河明渠段管廊支护需结合明渠导流施工，支护桩桩顶设置挡水墙，侧壁设置帷幕，使基坑支护起挡土、挡水双重作用，同时在渠内采用基坑支护分期施工，在保证基坑和附近桥梁及明渠安全的同时，又保证了施工期明渠的流水畅通。

(三)技术贡献与发展

1. 富水圆砾层抓斗成槽型钢水泥土搅拌墙支护结构施工

本工程场地范围内广泛分布圆砾层，且地下水与江水联通，常规三轴搅拌桩在圆砾层中无法搅拌成桩，设计采用了抓斗成槽工艺，先使用成槽机将圆砾抓出，然后灌入搅拌水泥土，最后插入型钢，保证了型钢水泥土搅拌墙在圆砾层中的嵌固深度。

2. 河道内支护桩顶设挡墙兼做挡水围堰

七里河内管廊支护需结合明渠导流施工，由于河道狭窄，岸坡上管线密集，没有施工围堰的空间，本工程通过在支护桩（灌注桩）顶设置钢筋混凝土挡水墙，侧壁设置帷幕，使基坑支护起挡土、挡水双重作用，同时在渠内采用基坑支护分期施工，在保证基坑和附近桥梁及明渠安全的同时，又保证了施工期明渠的流水畅通。

3. 富含地下水管廊集水井施工的预压钢箱技术

由于互层土渗透系数的各向异性特征十分明显，管廊基坑施工过程中，集水井处地下水既很难采用深井降水降低地下水位，也很难采用明排抽干，容易导致集水井基坑垮塌。本工程采用了一种适用于富含地下水管廊集水井施工的钢箱，该钢箱可以起到挡水、挡土、作为集水井结构施工模板三重作用。利用钢箱挡水、挡土能力和箱体周围土体的摩擦力，解决了集水井基坑施工困难的问题，保证了基坑和周边环境的安全。

本工程于 2023 年荣获湖北省勘察设计成果评价认定成果工程勘察二等成果（图 6－71）。图 6－72～图 6－78 为基坑现场开挖、施工及效果图。

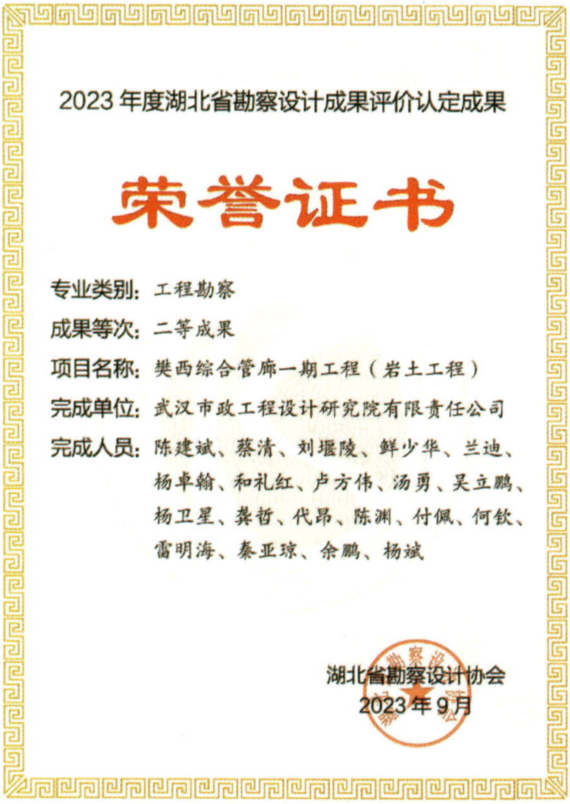

2023 年度湖北省勘察设计成果评价认定成果

荣誉证书

专业类别：工程勘察

成果等次：二等成果

项目名称：樊西综合管廊一期工程（岩土工程）

完成单位：武汉市政工程设计研究院有限责任公司

完成人员：陈建斌、蔡清、刘堰陵、鲜少华、兰迪、杨卓翰、和礼红、卢方伟、汤勇、吴立鹏、杨卫星、龚哲、代昂、陈渊、付佩、何钦、雷明海、秦亚琼、余鹏、杨斌

湖北省勘察设计协会

2023 年 9 月

图 6－71　樊西综合管廊一期工程（岩土工程）
获 2023 年度湖北省勘察设计成果评价认定成果工程勘察二等成果荣誉证书

图 6-72　樊西综合管廊一期工程(岩土工程)管廊结构底板施工

图 6-73　樊西综合管廊一期工程(岩土工程)管廊结构顶板及上部节点施工(一)

图 6-74　樊西综合管廊一期工程(岩土工程)管廊结构顶板及上部节点施工(二)

图 6-75　樊西综合管廊一期工程(岩土工程)管廊顶管井基坑

图 6-76　樊西综合管廊一期工程(岩土工程)管廊建成后内部照片

图 6-77　樊西综合管廊一期工程(岩土工程)管廊基坑航拍图

图 6-78　樊西综合管廊一期工程(岩土工程)管廊工程效果图

第三篇 市政岩土工程设计感悟

第七章　岩土工程认识论与最终目标论

《道德经》第一章曰：此两者，同出而异名，同谓之玄。玄之又玄，众妙之门。第六章曰：谷神不死，是谓玄牝。玄牝之门，是谓天地根。绵绵若存，用之不勤。第十章曰：涤除玄鉴，能无疵乎。生之畜之，生而不有，为而不恃，长而不宰，是谓玄德。第十五章曰：古之善为道者，微妙玄通，深不可识。第五十一章曰：生而不有，为而不恃，长而不宰，是谓玄德。第五十六章曰：挫其锐，解其纷；和其光，同其尘，是谓玄同。第六十五章曰：常知稽式，是谓玄德。玄德深矣，远矣，与物反矣，然后乃至大顺。

《太玄经》曰：玄者，幽摛万类，不见形者也。

《老子指略》曰：玄，谓之深者也。

由此可见，玄学研究的对象及其本身都是探赜索隐、钩深致远的问题和课题。

岩土工程基本工作内容包括岩土工程勘察、设计、施工、管理、评估、咨询与运维等，涉及的专业或者说服务的对象十分广泛，如水利、基坑、地基、边坡、地质灾害及地下水治理等。从形而上、思辨或者说哲学的角度来研究，岩土工程可归为“玄学”。原因如下：

(1)可以说是技术，也可以说是艺术。岩土工程既可以说既是技术也是艺术，也可以说既不是技术也不是艺术。如是，岩土工程是什么，其本体无法定义。“岩土工程是技术”“岩土工程是艺术”“岩土工程既是技术也是艺术”“岩土工程既不是技术也不是艺术”，这些定义、概念或说法都可能使岩土工程工作者执迷、偏执、标签化。岩土工程很多时候不仅仅涉及到技术，也涉及艺术、文化，以及社会学、管理学及心理学问题等。

(2)既然无法说“是什么”，就可以不说“是什么”。但是总得有个说法，最好是“玄学”，或者说是“道”、“太极”，但后面两个名称很容易将岩土工程误导为或引申为道家的事情或者仅属于道家文化。“玄学”，虽然可能源于道家，但实际涵盖乾坤、包络百家，且更接地气。

(3)岩土工程说是“玄学”，突出了其复杂、玄妙，需要灵性及慧根，需要逻辑与系统、专注与统筹，也需要理性与情怀，这使得岩土工作者有个心灵慰藉及托词，有契合心灵的寄托与安放之处。

岩土工作似乎很容易激发人的慧根及灵性。国内外很多岩土工作者喜欢写诗、绘画，有艺术家的情操与品位，且自然流露、低调谦卑。很多科学家及工匠师也同时是艺术家、热爱宗教文化。科学家及工匠师已知太多，这同时也延展了未知的边界，他们要寻求心灵及精神的自在与安放，此时艺术或宗教是很好的途径。他们随性、亲和、谦虚，比其他人更敬畏自然，更清楚在奇妙无比的世界中人是渺小的。

《周易·系辞传上传》曰：是故形而上者谓之道，形而下者谓之器。基坑工程之形而下者可谓是各种建(构)筑物等，基坑工程之形而上者可谓天地、刚柔、阴阳及五行。

基坑支护体系中，内支撑是天，基底是地，内支撑稳定、基坑底部稳定，则基坑稳定，所谓天地稳则基坑稳。如是，基坑工程之形而上者可谓天地。

基坑支护体系中，支护桩或支护墙是刚性的、阳面的、开放的，帷幕是柔性的、阴面的、隐藏的，刚柔并济、阴阳契合，则基坑挡土止水效果好，基坑稳定、安全。如是，基坑工程之形而上者可谓刚柔、阴阳。

基坑支护体系中，支护桩或支护墙是刚性的，属金，帷幕是柔性的，属木，其作用或顺应的对象主要是岩土和地下水，属土与水，基坑施工晴天最适宜，应充分利用晴天和太阳，属火，是谓金木水火土，五行相通，则基坑稳定、顺利。如是，基坑工程之形而上者可谓五行。

殊途同归，万法归一；玄之又玄，众妙之门。

上述为岩土工程的本体论或认识论，其最终目标可描述为“达到共同意愿”。不论哪一种岩土工程，均寄托或反映了不同人群的众多的希望、目标、意愿、本愿或愿望，如勘察者、设计者、施工者、监测检测者、检验者、科研者、项目管理者、图审者、投资者、运维者等均有其较多的不同的或相同的意愿。这些参与者最终通过不同的或相同的方法达到不同意愿中的交集或达成相同的意愿，即“达到共同意愿”，这就是岩土工程的目的或目标。如基坑工程、地基处理工程及边坡工程的稳定与变形安全，地下水治理工程的水体平衡利用、环保等，可以认为是所有参与者的共同意愿，是这些岩土工程的共同目标。只有达到这一共同意愿，其他各种相同或不同的意愿才有可能实现，如勘察设备及技术的改进、设计的选择与优化、施工的造价及工期控制、监测及检测的仪器选用与效率，以及各种科研、创新与创优等。若没有达到这一共同意愿，其他各种相同或不同的意愿不可能实现，或者即便在过程中有所实现，但也没有很大的价值或者不会被认可，如某基坑工程若变形过大导致周边房屋出现开裂，则基坑设计无论如何也不能认为是完美设计、施工造价及工期控制不可能合理、监测检测很难认为没有缺陷、科研也很难顺利进行等等。为了实现“达到共同意愿”，其他不同的群体之相同的意愿需要逐步达到；不同的群体之不同的意愿需要逐步平衡、让步或妥协、直至达到、实现。“达到共同意愿”强调了共同，即同心同德、心心相印、相互感应、互相成全。

第八章　岩土工程方法论感悟

有了岩土工程的认识论及最终目标论，剩下就是方法论了。下面主要探讨岩土工程项目管理及岩土工程设计两个方面的方法论与感悟。

第一节　岩土工程项目管理的方法论

岩土工程项目管理的方法，主要需要把控认知关、程序关、施工过程关、检测关、监测关、应急关6个关键。

1. 认知关

认知关，也可以说是认知观，是对岩土工程，包含基坑工程、边坡工程、地基处理工程等的认识论。项目管理把握认知观，主要是要统一思想，协调建设各方对岩土工程的认识达成一致。具体来说，主要是要统一认识到以下几点：

(1)岩土工程是复杂的、有很大难度的，不是随随便便、轻而易举的。

(2)岩土工程风险多、风险大，风险的危害大、影响大。

(3)岩土工程具有不可逆性。

(4)岩土工程造价高、工期长。

(5)岩土工程具有环境不友好性，如设备、机械影响市容，泥浆污染，噪声、夜光等。

(6)岩土工程方案具有不确定性。

2. 程序关

程序关就是按照建设领域及其他相关领域的法律、法规及规范所规定的建设程序进行项目管理。目前一般的项目建设阶段包含立项、可行性研究、初步设计、施工图设计、项目后评估等几个阶段，每一阶段都有相应的踏勘、勘察、设计、图纸审查、论证及咨询等不同程序要求。项目管理者应熟知建设程序，把好建设程序关，特别是施工图设计阶段的相应程序关。

3. 施工过程关

施工过程关就是对具体的施工过程要有效管理和控制。岩土工程多数是隐蔽且不可逆工程，每道技术、工艺及工序的过程管理尤为重要。例如灌注桩桩体的施工，其桩体间距、桩长、桩径、桩体钢筋的型号及用量、混凝土的强度等级及用量等在施工时都需要有效管理和控制，出现偏差应能够及时纠正、更改或补救。

4. 检测关

检测关就是对施工后的成品按照设计及规范要求进行检测及检验，这是确保岩土工程质量的重要保证。对于水泥土搅拌桩，灌注桩主要检测其力学性能是否满足要求；对于回填土不仅有物理指标，还有力学指标等。施工检测是施工过程管理和控制的重要补充，可弥补其不足，确保工程质量。

5. 监测关

监测关是对岩土工程，特别是基坑工程的监测。在基坑开挖及施工过程中，对基坑本身及周边环境的变形监测是确保工程质量、安全及工期的十分重要的手段。监测可谓是建设者的“眼睛”，是重要“情报”。通过监测，可及时发现各种意外情况，并及时采取相应处理措施。例如局部地质差异导致基坑支护结构变形较大或出现裂缝，可通过反压、增设支撑、减载等措施进行有效处理；反之，若监测不到位、不及时，使得基坑支护结构变形过大或出现较大裂缝，则处理难度不断加大。

6. 应急关

应急关就是按照《危险性较大的分部分项工程安全管理规定》（住建部令第 37 号文，2018 年 6 月 1 日起施行）、《住房和城乡建设部办公厅关于实施〈危险性较大的分部分项工程安全管理规定〉有关问题的通知》（建办质〔2018〕31 号文）、《关于印发危险性较大的分部分项工程专项施工方案编制指南的通知》（建办质〔2021〕48 号文）以及《关于印发〈湖北省房屋市政工程危险性较大的分部分项工程安全管理实施细则〉的通知》（鄂建办〔2018〕343 号文）等文件组织、统筹相关单位进行风险源的分析、筛选、评估及对策研究，有针对性地做好相应应急措施，如应急设备、物资、人员及相关机制等。岩土工程风险多、风险大，风险的危害大、影响大，做好应急措施及应急机制，多数情况下能够把险情消除在萌芽或前期之中。

第二节　岩土工程设计的方法论

一、运用开辟马克思主义中国化时代化新境界的方法论指导岩土工程设计

1. 开辟马克思主义中国化时代化新境界的方法论

恩格斯在《致韦尔纳·桑巴特》一文中深刻指出：“马克思的整个世界观不是教义，而是

方法。它提供的不是现成的教条，而是进一步研究的出发点和供这种研究使用的方法。”

改革开放和社会主义现代化建设时期伊始，《实践是检验真理的唯一标准》一文指出：“躺在马列主义毛泽东思想的现成条文上，甚至拿现成的公式去限制、宰割、裁剪无限丰富的飞速发展的革命实践，这种态度是错误的。”

中国特色社会主义进入新时代，习近平总书记指出：“对待马克思主义，不能采取教条主义的态度，也不能采取实用主义的态度。”

党的二十大报告明确提出：“中国共产党为什么能，中国特色社会主义为什么好，归根到底是马克思主义行，是中国化时代化的马克思主义行。”

中国共产党人深刻认识到，只有把马克思主义基本原理同中国具体实际相结合、同中华优秀传统文化相结合，坚持运用辩证唯物主义和历史唯物主义，才能正确回答时代和实践提出的重大问题，才能始终保持马克思主义的蓬勃生机和旺盛活力。

开辟马克思主义中国化时代化新境界，要坚持把马克思主义基本原理同中国具体实际相结合。马克思主义是不断与时俱进的理论体系，推动马克思主义中国化时代化，就要扎根中国具体实际，把握时代大势，在实践中运用马克思主义，在工作中发展马克思主义。

开辟马克思主义中国化时代化新境界，要坚持把马克思主义基本原理同中华优秀传统文化相结合。正如习近平总书记在党的二十届一中全会上所指出的：“要坚定历史自信、文化自信，坚持古为今用、推陈出新，把马克思主义思想精髓同中华优秀传统文化精华贯通起来、同人民群众日用而不觉的共同价值观念融通起来，充分吸收其中蕴含的治国理政的思想智慧、格物究理的思想方法、修身处世的道德理念，不断夯实马克思主义中国化时代化的历史基础和群众基础，让马克思主义在中国牢牢扎根。”

开辟马克思主义中国化时代化新境界，根本上就要坚持和运用好习近平新时代中国特色社会主义思想的世界观和方法论。

第一，坚持人民至上，就是要善于把人民的探索创新、实践创造、方法经验、需求愿望系统总结、及时提炼，形成马克思主义中国化时代化的最新成果。

第二，坚持自信自立，就是要充分发挥主观能动性，以自立自强、踔厉奋发的精神面貌继续发展当代中国马克思主义、二十一世纪马克思主义。

第三，坚持守正创新，就是要“守”道路方向、理论旗帜、制度根脉、文化自信之“正”，“创”新战略、新理念、新思路、新举措之“新”，在理论与实践的良性互动中将马克思主义中国化时代化推向新的历史高度。

第四，坚持问题导向，就是要找准当下中国和时代所面临的矛盾问题，充分发扬马克思主义实事求是的理论品质。

第五，坚持系统观念，就是要处理好本质与现象、部分与整体、当前与长远等几对关系，构建统筹兼顾、科学全面、体系成熟、整体推进的马克思主义中国化时代化理论体系。

第六，坚持胸怀天下，就是要不断拓展世界眼光、关注人类命运及时代性议题。

2. 运用开辟马克思主义中国化时代化新境界的方法论指导岩土工程设计

岩土工程设计，同开辟马克思主义中国化时代化新境界一样，根本上也是要坚持和运用好习近平新时代中国特色社会主义思想的世界观和方法论。

第一，坚持人民至上。岩土工程风险大、风险多，造价高，设计繁琐，施工复杂。坚持人民至上，就是要有良知；要敬畏程序，敬畏规范，敬畏生命，敬畏自然；要心系人民，心系工程本身，心系工程技术、工程工艺、工程方法本身的特点及特征；心怀谦卑、心无旁骛，合理论证、科学决策，确保工程方案安全可靠，而不是片面地无底线地屈服、迎合或顺从建设某一方或某个人，从而人为制造或增加工程风险。

第二，坚持自信自立。既然选择了远方，就选择了风雨兼程。虽然岩土工程设计繁杂、辛苦，但是仍要不忘初心，坚定信心，不断学习，提升本领，增强底气及自立。只要自信自立，才能把本质工作做好，才能实现工作价值。

第三，坚持守正创新。岩土工程创新性强，必须不断创新，才能解决工程中的问题，才能促进技术进步和专业发展。然而，创新不是盲动、冒进，不是粗暴式的急于求成、哗众取宠或好大喜功，而是要坚持正确的信念，掌握正确的方法，心有所畏，行有所止，因地制宜，与时俱进，如此创新方可笃行不怠、行稳致远，因此要坚持守正创新。

第四，坚持问题导向。岩土工程经常出现这样那样的问题，如方案选择问题、计算及方法选择问题、施工问题等，应当坚持“具体问题、具体分析”的原则，秉持工匠精神，坚持问题导向，根据问题的属性、性质及特征，有的放矢、对症下药，方可水到渠成、事半功倍。

第五，坚持系统观念。万事万物是相互联系、相互依存的，只有用普遍联系的、全面系统的、发展变化的观点观察事物，才能把握事物发展规律。岩土工程经常是某一工程的一个环节，岩土工程的设计与施工需要兼顾上下游专业，需要相互会签、互相成全，也需要统筹考虑甲方、施工方等建设各方的需求和看法。既要有逻辑思维，也要有辩证思维、系统思维。必须坚持系统观念，才能减少或避免整体与局部之间以及局部与局部之间的不协调，才能融合赋能、相互促进，直至工程完美。

第六，坚持胸怀天下。要有热爱岩土工程及岩土事业的情怀，要有海纳百川的胸襟，要有担当、奉献、付出精神，要走正道、负责任、心中有他人、胸怀天地间。坚持胸怀天下，在岩土工作中的主要体现就是要有中正、慈悲、博爱之心，境界要高、格局要宽、眼光要远，要与时俱进、向新而行，要以工程为天，以工程的安全、质量及效益为第一要务。

总之，理想如炬、信仰如光，道阻且长、行则将至，只有坚持和运用开辟马克思主义中国化时代化新境界的方法论，才能做好岩土设计，才能在岩土事业上站得更高、走得更远。

二、岩土工程要善于运用两分法

两分法是一种认识事物的辩证方法，即把统一物分为两个部分以及对它的矛盾部分的认识，是在“一分为二”观点指导下认识事物的方法，是毛泽东同志对对立统一辩证思想方法的简明通俗的表述。1963年毛泽东同志在《加强相互学习，克服固步自封、骄傲自满》一文中指出：“共产党员必须具备对于成绩与缺点、真理与错误这个两分法的马克思主义的辩证思想。”两分法要求对一切事物都采取矛盾分析的态度，分析出事物的内部矛盾，把握矛盾的两个方面以及双方之间既对立又统一的关系，反对只看到矛盾的一个方面而忽视另一个方面,攻其一点不及其余等形而上学的方法。

《道德经》第五章曰:多言数穷,不如守中。第五十六章曰:挫其锐,解其纷;和其光,同其尘,是谓玄同。

《论语·为政》子曰:攻乎异端,斯害也已!

《中庸》曰:喜、怒、哀、乐之未发,谓之中。发而皆中节,谓之和。中也者,天下之大本也。和也者,天下之达道也。致中和,天地位焉,万物育焉。

两分法与上述传统国学论述的中庸之道殊途同归、不谋而合,其根本要义就是指导我们对待事情与事物要不偏不倚、不亢不卑,不守旧也不过激,遵守但不囿于规矩、习惯,创新但不冒进,标新立异但不哗众取宠等。

岩土工程要善于运用两分法,具体阐述如下:

(1)建设者要把岩土工程当回事,即甲方、勘察、设计、施工、监理等建设各方均应遵守建设程序,高度重视并认真对待工程本身的复杂性。勘察要遵守规范并实事求是;设计要依据勘察、规范,做到科学、严谨、可行;施工要不折不扣地按照设计及图纸,并有客观、详尽的施工组织设计;监理要遵守监理规则,做好“四控制一管理”工作。另一方面,建设者也不要把岩土工程太当回事,即甲方、勘察、设计、施工、监理等建设各方均应遵守建设程序,高度重视并认真对待工程本身之外的外部环境的复杂性。在做工程的同时,也要保护好外部环境,如铁塔、铁路、地铁、天然气、公路、房屋等,不能为了赶进度、节约造价而不顾这些外部环境,否则有可能导致很大甚至巨大的事故。欲速则不达,这样可能浪费更多的钱财、精力及时间等。总之,我们既要把工程本身当回事,也要把外部环境当回事。

(2)岩土工作者在多数情况下要熟悉、理解并运用与工程相关的各种规范、规程等。如设计者应能熟练选择、运用各种与具体工程相关的规范及规程等,施工及管理者应能熟练选择、参照各种与具体工程施工、管理、验收相关的规范、规程及条文等。同时,岩土工作者,特别是岩土设计工作者,不应拘泥、执迷于规范和规程等。规范、规程等通常代表了一定时期的社会平均技术水平,随着社会的不断发展、工程的不断更新,建设工艺、方法、技术及装备等需要不断迭代、升级、创新。此时,现有的规范、规程等往往不能适应、满足、指导工程建设及工程设计等。这就要求岩土设计工作者能够在既有的规范、规程等基础上革故鼎新、推陈出新,不应因循守旧、固步自封。

三、多数量岩土工程设计体会

(1)设计潮流化,与时偕行。《周易·乾·文言》曰:终日乾乾,与时偕行。《孟子·公孙丑上》曰:虽有智慧,不如乘势;虽有镃基,不如待时。《吕氏春秋·遇合》曰:凡遇,合也。时不合,必待合而后行。这些先人智慧均启示我们要顺应时代、时势与潮流,与时俱进,向新而行,不能固执己见、墨守成规、不思进取、自以为是。岩土工程设计也是如此,不同的建设时期关注的重点不完全一样,如有时候更注重进度,有时候更注重质量,有时候则更注重造价,设计者需要领会这一形势,顺应这一潮流,方可设计出令各方满意的作品。

(2)设计习惯化,因地制宜。主要是指工程设计要遵循地方习惯和行业习惯。《晏子春秋·问上》曰：百里而异习，千里而殊俗。同一时期，不同的地方、不同的行业，甚至不同的业主，由于其文化、风俗、习惯及认知的差异，对工程设计的理解是不尽相同的。他们对设计及规范的理解、各种可行的设计方案的选择、出图的需求及现场的配合往往有特殊之处，设计者需要不断地改变、完善自己，有效地沟通、领会、比较、妥协并相互感应，方可设计出令各方满意的作品。

(3)设计标准化。在项目繁杂、众多的条件下，为了提高设计效率，应对项目进行整理、分类，根据不同的类型，设计图纸、图形及其说明以及工程数量表宜尽可能模块化、集成化、标椎化。例如市政沟槽基坑支护、箱涵基坑支护、泵房基坑支护、地铁基坑支护、管廊基坑支护、地下通道基坑支护、地下停车场基坑、软弱土地基处理及山体边坡治理、明渠边坡治理等均有其共同的特性，共性的设计说明、图形及工程数量表等可以模块化、标椎化，大幅度提高设计效率。另一方面，所有设计均应符合并满足现行相关设计标准。

(4)设计程序化。《论语·宪问》子曰：为命，裨谌草创之，世叔讨论之，行人子羽修饰之，东里子产润色之。制定一个文件或政令，需要草创、讨论、修饰及润色 4 个阶段，表明了严谨、认真的态度及规范的程序。设计四阶段之设计、校核、审核、审定符合一般常规与习惯，工程设计与传统国学完美契合。刚好，国学之儒家创始人孔子与土木工程界公认的中国工匠鼻祖鲁班是同时代的人，且都是春秋时期鲁国人。众志成城、融合赋能，博采众长、兼收并蓄，设计各阶段的相关设计人各负其责、尽职尽责，就能够把设计的错误、问题、缺陷及各种碰撞等找出来，予以修改、完善，方可设计出令各方满意的作品。

(5)设计方案前置化。《礼记·中庸》曰：凡事豫则立，不豫则废。言前定，则不跲；事前定，则不困；行前定，则不疚；道前定，则不穷。对于某些重大、复杂、设计周期紧急的项目，技术管理者最好能够把技术方案、技术路线及技术标准等关键问题事先通过讨论、论证或咨询等各种方式予以明确、统一、肯定，则具体设计者不走弯路、一步到位，提高了设计效率。

(6)守正创新化。前文已有详细的论述，不再赘述。

四、岩土工程“5W1H”设计方法

“5W1H”是 When、Who、Where、What、Why 及 How 的简称，其在岩土工程设计中的含义如下：

(1)When。接到项目或任务，要知道项目的设计周期，处于何种环境中。

(2)Who。明确业主、审定及上下游专业及配合者。

(2)Where。明确项目的地址。

(4)What。清晰知道自己的定位及角色，自己需要做什么。

(5)Why。为何要这样做。

(6)How。做得怎么样，如何做，怎么做。

When(时间)，主要包括两个方面：一是设计任务完成的截止时间，即设计周期，设计者要知晓，做到心中有数，按部就班。二是工作所处的时代或年代，这就比较宏观了，对设计者有较高的时代认知要求。工程建设主要包括工期、造价、质量、安全、环保等几大方面，不同的时代侧重点稍有不同。十年前是城市大建设时期，不仅要关注造价、安全与环保，更要关注工期与质量；目前，造价、环保、安全与质量放在了较高的位置，而工期处于较为次要的位置。工程建设的环境与形势不同，侧重点不同，设计者要提高认识，顺应形势。《孙子兵法·势篇》曰：善战者，求之于势，不责于人，故能择人而任势。任势者，其战人也如转木石。木石之性，安而静，危则动；方则止，圆则行。故善战人之势，如转圆石于千仞之山者，势也。十年前更关注工期与质量，设计理念应相对保守；目前更关注造价、环保、安全与质量，设计理念应相对精细，需要更加合理、规范，需要统筹和调和思维。设计也要与时俱进，跟紧形势，顺应建设环境与潮流，如此，就会更顺畅。

Who（设计者），在接到设计任务时，首先要明白设计服务的对象是谁，通俗地说就是业主是谁，还要弄清单位内部校核、审核、审定、专业负责人及项目负责人等技术路线涉及的人员以及上下游专业可能需要对接、沟通、协调的人员等。如此，便于展开系统思维，充分地考虑业主对项目的关注点、喜好及其习惯等，以及单位内部涉及到的相关人员的个性、偏好及习惯等。知道这些，并不是让我们没有原则、没有底线地投其所好，而是相互融合、相互妥协，设身处地、换位思考，达到最佳契合及平衡。《孙子兵法·谋攻篇》曰：知彼知己者，百战不殆；不知彼而知己，一胜一负；不知彼，不知己，每战必殆。诚然，设计不是战争，不过设计者需要具备这样的思维。

Where（项目的地址），《孟子·公孙丑下》中“天时不如地利，地利不如人和”强调了地理位置的重要性。作为项目设计者，我们没有选择项目位置的职责，不过对不太合适的项目位置可以建议调整。对于已经确定的项目位置，我们要从宏观上了解、把握。了解其地形地貌、周边重要的建（构）筑物等边界条件，如此可大体上知晓需要从事的主要工作及其重点、难点、特点等。例如项目位置位于长江一级阶地，则其工程地质条件可能很差，无论是道路地基处理，还是深基坑支护，造价均较高；项目位置附近有地铁，即项目位于地铁控制线范围之内，则可能需要安全评估；项目位于防洪保护线范围内，即项目可能需要防洪安全评价，等等。总之，事先对项目地址进行了解、分析，后期设计工作就会更完整、全面。

What（明晰自己的定位及角色），首先要明白自己在做什么。通常一个项目涉及到很多专业，设计师首先要厘清自己的任务在整个项目中的比例、重要程度及关注程度等。譬如，对于一个渠道软土边坡治理工程，岩土专业的设计工作及工程量占比很高，重要程度及关注程度就很高，此时的工艺专业、绿化专业等重要程度及关注程度就相对比较低；而对于一个渠道老黏土边坡治理工程，岩土专业的设计工作及工程量占比很小，重要程度及关注程度就不高，此时的工艺专业、绿化专业等重要程度及关注程度就相对较高了。

同时，设计师要清晰知道自己的定位及角色。《论语·子路》子曰：名不正则言不顺，言不顺则事不成。定位不同、角色不同，对项目的理解、认识、付出及担当不同，需要不断沟通、比较、平衡，最终达成一致。针对一个项目，设计、校核、审核及审定分工不同，又彼此配合、相互融合。设计者要知道其他角色特别是审定者或最终技术确认者的心理、习惯与思维，尽可能从开始与他们保持一致。

Why（为什么这样做），一个技术方案确定后，设计要多方位考虑、论证及验证。首先要满足相关规范及计算要求，要符合工程边界及各方建设者习惯，还需满足相关经济、工期及施工便利性要求。例如在一个比较狭窄的空间进行管涵沟槽支护，为了能够施工，结合现场工程边界可能需要造价比较高的技术手段及支护方法。《论语·子张》子夏曰：切问而近思。《中庸》曰：博学之，审问之，慎思之，明辨之，笃行之。设计工作也要有不断反思、不断审问的习惯。

How（做得怎么样，如何做，怎么做），一个项目、一个技术方案、一个工艺流程、一个工法等做得怎么样，最终可能的效果、效益如何，需要预估及评价。若不太理想，该如何做或怎么做，这些主要是审核、审定需要认真考虑的问题。有些项目、方案、工艺流程及工法等往往需要多次内部或外部的专家咨询、论证或评审，就是为了这些目标。《诗经》曰：如切如磋，如琢如磨。设计成果或产品也要切磋、琢磨，方可趋于完美、止于至善。

第三节　岩土工程技术管理者及设计者

一、技术管理者应关注的事情

（1）方案的确认。能够确定方案是技术管理的基本要求，技术管理者是技术方案的最终确认者。这就要求技术管理者具有较为完整的知识结构、丰富的现场经验、通达行业习惯及地方习惯，具有比较、分析、总结及归纳能力，具有决策气魄和担当精神。基本原则有方案要合理、措施要可行、方案上要节约、措施上要保守。

（2）边界的严控。边界要查清，条件要查明，这是确保技术方案合理可行的基本要求。

（3）计算的关注。方案确认后，具体计算和核算主要是设计师的任务。技术管理者要引导设计者选择适宜的规范和计算方法，基本原则是标准正确、计算包络。

（4）工程量的关注。政府投资的公共项目及公益性项目，一般要求工程概算及预算不宜差别太大，这就要求在不同的设计阶段工程量要保持基本一致。技术管理者需要在图纸最后环节进一步把控，必要时予以纠偏。否则，设计图纸完成了，但工程量前后差别过大或超过预期，有时会相当麻烦，需要多次讨论才能解决问题。

（5）问题的解决。与坚持问题导向同。

（6）变更的控制。岩土工程设计繁琐、施工复杂，施工过程中难免出现这样那样的问题，设计需要根据具体情况进行变更。技术管理者需要探讨、研究，保证变更合理可行。

二、设计者应关注的事情

首先要做好设计，可简单概括为看好现场、做好设计、算对量。具体来说，就是设计者首先要到项目的现场，全面、仔细地踏勘和调查现场，对于工程场地内及场地外一定范围内的铁塔、电线杆、房屋、灯杆等地面建（构）筑物，甚至树木以及天然气、雨污水管涵、电缆等地下构筑物都要有全面的了解，做到胸有成竹、心中有数。在此基础上，再结合工程地质报告、上下游专业的资料单等进行设计，同时进行必要的计算与验算，最后形成设计图纸及其说明。然后，根据设计图纸及其说明，计算出工程量，工程量要计算正确、全面、完整。

对于正在按照设计图纸施工的项目，设计者应做好施工协调，可简单概括为配合现场、做好记录、归好档。具体来说，施工过程中设计者需要施工交底，说明设计意图，强调相关技术指标和重点等，对于施工过程中的一些问题与难题，应密切配合现场，及时协商解决。在这些过程中，也要做好相关会议记录、收集整理相关资料、文案，并按照要求及时归档。

对于设计完成的项目或施工完成的项目，设计者应做好总结与创新，可简单概括为归纳总结、学习创新、敢担当。具体来说，就是对相关项目的整个过程及其数据、资料进行系统的提炼、归纳与总结，形成可指导后续设计与工作的经验与亮点等，同时不断学习，对于项目设计与实施过程中遇到的难点、重点、问题及险情等所对应的处理方案进行再分析、再评估、再论证，革故鼎新、与时俱进，形成创新成果。最后，设计者在任何时候都要敢于承担、直面现实、自我反省、不怕挫折、勇毅精进。

具体设计工作者要有以下设计思维：

(1)事故假定设计思维。某工程若发生了较大的安全事故，设计者要能够面对调查组的调查、专家组的质询及社会的一般认识。这要求设计者必须遵守、采用正确的规范；计算模式、计算方法及计算过程和结果必须正确。这两条是至关重要的，否则“一剑封喉”，设计者会有较大的责任及麻烦。然后，设计图纸与说明要完整、清晰、正确；设计程序要规范。

(2)统筹设计思维。在接到设计任务时，要根据项目的类型、特点、环境及边界等思考该如何计算、画图及与其他专业高效率对接。要规划、统筹设计，这样会事半功倍。或者说，要设计具体设计工作者的设计。这是设计的管理、方法和经验问题。要想在中途改变设计方案、设计图纸及画法，往往很难，这叫设计惯性。为了尽量避免设计惯性带来的问题，应该做好统筹工作。

围棋、象棋等棋类竞技，其本质是智慧及力量的管理、统筹，效率最大化，最终达到胜利。双方同样的棋子，力量初始相同，最终不同的结果在于一定的时机、条件及边界下，棋子的位置不同，能力及能量不同。当然，人不是棋子，不过道理是一样的。就如某管廊基坑设计人员分散，位置不当，导致设计无统筹，同一工程编号的项目一个总说明本可解决问题，却人为导致分册，出现多个总说明、多个重复图纸，且前后不一致、画图不一致、计算软件及版本不一致等。这使得画图效率、看图效率大打折扣，看起来每个设计人员的工作量小了，但是整体效率及能量也小了，且增大了犯错的机率。当然，这种现象的原因是多方面的。

(3)工程装备相容性思维。《周易·系辞传上传》子曰：夫易何为者也？夫易开物成务，冒天下之道，如斯而已者也。《论语·卫灵公》，子贡问为仁。子曰：工欲善其事，必先利其器。居是邦也，事其大夫之贤者，友其士之仁者。《荀子·劝学》：吾尝终日而思矣，不如须臾之所学也；吾尝跂而望矣，不如登高之博见也。登高而招，臂非加长也，而见者远；顺风而呼，声非加疾也，而闻者彰。假舆马者，非利足也，而致千里；假舟楫者，非能水也，而绝江河。君子生非异也，善假于物也。

按照马克思主义思想，生产力包括劳动者和生产资料，劳动者是决定性因素，而生产资料中的生产工具是生产力进步的重要的物质标志。

工程装备，工程之利器，岩土之大柄。通俗地说，工程装备包括了工程设备、工程机械等，设计者需要对这些设备及机械的尺寸、质量及性能有所了解，要充分认识到它们与工程场地、工程环境的相容性与适应性。例如，长度及宽度较大的机械或设备不太适宜在狭窄的场地使用，高度较大的机械或设备不太适宜在净空较小的场地使用，质量较大的机械或设备不太适宜在软弱土较厚的场地使用，等等。

《墨子·法仪》子墨子曰：天下从事者，不可以无法仪。无法仪而其事能成者，无有也。虽至士之为将相者，皆有法，虽至百工从事者，亦皆有法。百工为方以矩，为圆以规，直以绳，正以悬，平以水。无巧工不巧工，皆以此五者为法。巧者能中之，不巧者虽不能中，仿依以从事，犹逾己。故百工从事，皆有法所度。

《墨子·天志》，子墨子言曰：我有天志，譬若轮人之有规，匠人之有矩。轮、匠执其规、矩，以度天下之方圜，曰："中者是也，不中者非也。"

《墨子·天志》曰：是故子墨子之有天之，辟人无以异乎轮人之有规，匠人之有矩也。今夫轮人操其规，将以量度之圜与不圜也。曰："中吾规者，谓之圆；不中吾规者，谓之不圜。"是故圜与不圜，皆可得而知也。此其故何？则圜法明也。匠人亦操其矩，将以量度之方与不方也，曰："中吾矩者，谓之方，不中吾矩者，谓之不方。"是以方与不方，皆可得而知之。此其故何？则方法明也。

这些都启示设计者还要熟悉工程装备的施工工艺、施工流程、施工方法以及施工法则等，要充分认识到它们施工过程与工程场地、工程环境的相容性与适应性。例如，施工过程振动及噪声较大的机械或设备不太适宜在闹市区使用，施工过程耗电量较大的机械或设备不太适宜在用电有所限制的场地使用，施工过程产生较大粉尘量的粉喷桩设备不太适宜在环保要求很高的场地使用，等等。

如此，可规避或预先采取措施防止一些施工过程中的风险和问题。

附　录

东湖隧道是湖北武汉东湖通道的重要组成部分，全长约6.88km，于2013年10月正式开工建设。工程施工采用了围堰明挖的方法，于2015年12月28日通车(附图1～附图4)。2013—2015年，东湖隧道建设繁忙且快速，通车后笔者赋诗一首：

一带深堑伴双龙，
分水掘土巧施工；
忽如一日终合拢，
神龙不见地下通。

——和礼红

“双龙”是指隧道两侧的围堰，“深堑”是指隧道基坑。“一带深堑”是指隧道基坑很长，呈带状。“忽如一日”表示建设很快，“终合拢”表示建设的艰辛与喜悦。

附图1　东湖隧道建设航拍图(一)

附图2　东湖隧道建设航拍图(二)

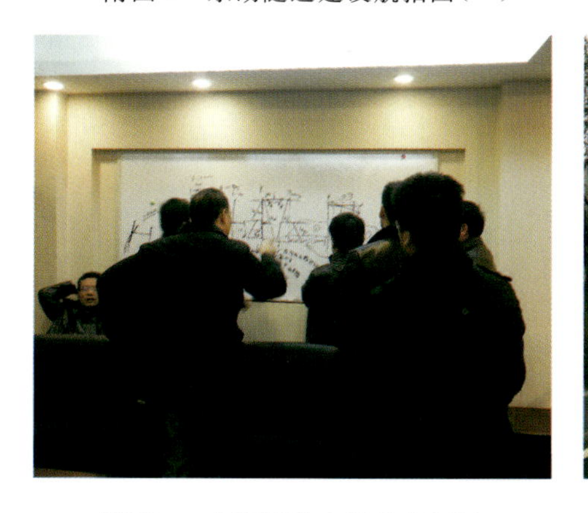

附图3　东湖隧道建设技术探讨

附图4　东湖隧道通车纪念

2015—2017年，工程项目多、规模大、复杂，工程设计、施工与协调等建设任务重、繁琐。2017月5月，笔者写下此诗：

筚路蓝缕，
以启山林；
一路前行，
天道酬勤；
诸事不易，
终究有成；
行稳致远，
建设精神；
土木市政，
我心永恒。
——和礼红

2016—2019年，笔者经常去往宜昌和襄阳，项目多，工程协调任务重。2019月6月，在襄阳写下此诗：

才去宜昌，
又来襄阳；
工程不断，
非同凡响；
来去无常，
一路草香；
心中山水，
与谁分享。
——和礼红

第七届世界军人运动会于2019年10月18日至27日在武汉举行。为了成功举办这次运动会，2018—2019年，武汉进行了一定规模的更新、改造和建设。特别是武昌黄家湖片区，变化很大。2019年5月前，黄家湖片区地铁、道路、渠道、管廊、绿化等都在建设实施，机械设备多，人多，可以说错综复杂。热火朝天，是天气，也是干劲。

建设完成后，笔者赋诗一首：

错综复杂热火天，
只为黄家变新颜；
铁塔机械忽不见，
绿水青植竞鲜艳。
——和礼红

笔者闲暇之余，常于城市绿道散步，武汉三镇的绿道走了不少，常常遇到公司设计的工程项目和工地，2019年12月初，写下此诗：

走江城

无论走到哪里，处处都是曾经的工地，

道路、桥隧、电气，

建筑、景观、绿地，

湖泊、港渠、碧水，

沉淀了灰泥，美化了江城、风光旖旎，

便利又活力。

豪迈设计，

微笑哭泣，

冷暖四季；

曾经汗水、眼泪和足迹，

化作渐去回忆。

——和礼红

2010—2020年间，城市建设加速，设计、施工如火如荼，作为躬身入局者，选择、比较、博弈，分析、判断、解决，心力交瘁。当时的体会是偶有闲与静，百倍思与情。

寺庙，让人收心、敬畏，使银杏更厚重、更具有灵性，银杏使寺庙更具色彩，跳跃而有生机，相辅相成、相得益彰(附图5)。

城市中、景区中，银杏很多，世人都观其色彩。金黄、有形、斑斓，令人流连忘返。然而古寺中的银杏除此之外，还有另外的个性，那就是禅。

当我站在银杏树下，寺庙的庄重、肃静及灵气让我情不自禁、灵感顿发，叶黄、地上、敬香、茶汤、素琴、禅杖，一些简单而又寓意丰富的词汇迸发而出。我自己都没有如此预期，妙，写诗一首：

浅冬微凉，古寺旁，借斜光，银杏叶金黄；

渐撒地上，心淡伤；

整衣还乡，斑驳木窗，袅烟茶汤，风动衣裳；

素琴弹唱，诵一曲情长，与谁分享；

恰似知己有禅杖。

——和礼红

广水嵩山禅寺

2018年12月1日

附图5 寺庙与银杏相得益彰